D1986883

Schriftenreihe
Historische
WAHRZEICHEN DER INGENIEURBAUKUNST
in Deutschland

Band 13

Erich Thiesen

DIE RENDSBURGER HOCHBRÜCKE MIT SCHWEBEFÄHRE

BUNDESINGENIEUR
KAMMER

Berlin 2013

Copyright: Bundesingenieurkammer 2013

Fachliche Beratung: Dipl.-Ing. Rüdiger Schröder,
Wasser- und Schifffahrtsamt Kiel-Holtenau

Herausgeber: Bundesingenieurkammer

Gesamtredaktion: Jost Hähnel

Gestaltung: Thomas Mengel, Berlin

Bestellungen: über den Buchhandel oder bei
Bundesingenieurkammer
Charlottenstraße 4
10969 Berlin
Telefon: +49(0)30-25 34 29-00
Telefax: +49(0)30-25 34 29-03
www.bingk.de/order-hw

ISSN 2194-7856
ISBN 978-3-941867-13-0

Mit Unterstützung durch:

Bundesministerium für Verkehr, Bau und Stadtentwicklung

ARCHITEKTEN- UND INGENIEURKAMMER SCHLESWIG-HOLSTEIN

WSV.de Wasser- und Schifffahrtsverwaltung des Bundes

Förderverein Historische WAHRZEICHEN DER INGENIEURBAUKUNST in Deutschland e.V.

100 1913-2013 Rendsburger Hochbrücke

Historische Wahrzeichen der Ingenieurbaukunst in Deutschland

Editorial

Die Rendsburger Hochbrücke mit Schwebefähre ist ein gigantisches Ingenieurbauwerk. 1910/11 begonnen und am 1. Oktober 1913 dem Verkehr übergeben, überspannt sie in 42 m Höhe als längste Eisenbahnbrücke Deutschlands den Nord-Ostsee-Kanal.

Sie ist in der Nord-Süd-Achse des europäischen Bahnverkehrs bis heute das entscheidende Verbindungsstück für den Skandinavienverkehr.

Die unter der Rendsburger Hochbrücke angebrachte Schwebefähre, am 2. Dezember des gleichen Jahres 1913 in Betrieb genommen, dient als „bewegliche Brücke" für den täglichen Fußgänger- und Fahrzeugverkehr zwischen der Stadt Rendsburg und der Gemeinde Osterrönfeld.

Beide Konstruktionen, Hochbrücke und Schwebefähre, stehen seit 1988 unter Denkmalschutz. Als Kreuzungspunkt dreier Verkehrswege – einer künstlichen Wasserstraße, einer Eisenbahnlinie und einer Landstraße, die durch die Schwebefähre verbunden wird – gelten sie als weltweit einzigartig.

Die Hochbrücke ist ein weithin sichtbares Wahrzeichen der Stadt Rendsburg. Als technisches Denkmal ist es identitätsstiftend und prägend für die ganze Region. Deshalb wurde es im September 2013 als 13. Ingenieurbauwerk in den Kreis der *„Historischen Wahrzeichen der Ingenieurbaukunst in Deutschland"* aufgenommen.

Hans-Ullrich Kammeyer
Präsident der Bundesingenieurkammer

Ein Kanal zur Stärkung „vaterländischer Seemacht“

Schleswig-Holstein ist mit repräsentativen technischen Denkmälern nicht reich bestückt. Eine Ausnahme und eine Besonderheit zugleich bilden jedoch die landestypischen Kanäle und Brücken, deren bedeutendste der Nord-Ostsee-Kanal und die über ihn hinwegführenden Brücken sind. Die Rendsburger Hochbrücke, als genietetes Stahlfachwerk ausgebildet, ist mit der angehängten Schwebefähre eines der spektakulärsten Bauwerke dieser Art. Die Brückenkonstruktion bei Kanalkilometer 62,664 wurde 18 Jahre nach Fertigstellung des Nord-Ostsee-Kanals (gebaut von 1887–1895) errichtet, der heute, gemessen an der Anzahl der Schiffe, die meistbefahrene künstliche Wasserstraße der Welt ist. Bis heute gehören Brücke und Schwebefähre zu den touristischen Hauptanziehungspunkten der Region.

Zur Begründung für den Bau dieser Brückenanlage über den Nord-Ostsee-Kanal bedarf es eines kurzen Rückblicks auf das historische Geschehen gegen Ende des 19. und zu Beginn des 20. Jahrhunderts. Die Tatsache, dass schon Napoleon sich über eine Kanalverbindung zwischen Nord- und Ostsee durch die Cimbrische Halbinsel Gedanken gemacht hat, lässt bereits auf die primären Hintergründe schließen: Es waren militärstrategische Überlegungen, die letztlich den Ausschlag gaben für die Verwirklichung dieses großen und für damalige Verhältnisse teuren Vorhabens. Erinnert sei an die politischen und militärischen Rivalitäten unter den europäischen Mächten während der zweiten Hälfte des 19. Jahrhunderts, die ein Hinwenden zum modernen Imperialismus mit sich brachten und zu einem übersteigerten Nationalismus führten. Aus preußischer wie auch aus der Sicht Englands erschien eine politische und ökonomische Machtposition in Europa ohne Seegeltung, ohne eine starke Flotte undenkbar.

Reichskanzler Otto von Bismarck und Wilhelm I., damals noch preußischer König, waren in diesem Sinne entschiedene Verfechter eines Kanalbaus quer durch Schleswig-Holstein. Für Bismarck hatten zunächst noch handelspolitische Überlegungen den Vorrang. Erst mit der Betonung militärischer Gründe gewann er dann die Zu-

stimmung des Monarchen. Die Jütische Halbinsel, argumentierte er, zwinge zur Aufteilung der deutschen Flotte auf zwei Meere. Diese Barriere aber könne durch den Bau des Kanals überwunden werden. Vom Kriegshafen Kiel aus wäre die gesamte Flotte dann zugleich in Nord- oder Ostsee präsent. Marinekreise hegten außerdem die Sorge, dass im Falle kriegerischer Auseinandersetzungen – und damals zeigten sich bereits die dunklen Wolken einer erneut wachsenden deutsch-dänischen Konfrontation – der Skagerrak für die Durchfahrt von Flotteneinheiten gesperrt werden könne.

▲ „Mit sichtlichem Interesse", berichtet die Rendsburger Tageszeitung, habe Kaiser Wilhelm II. von Bord seiner Yacht „Hohenzollern" aus den Fortgang der Arbeiten an der Hochbrückenanlage verfolgt. Die beiden Vorbaukräne standen seinerzeit kurz vor dem Abbruch.

Die schon in den 1860er Jahren entstandenen und in den 1870er Jahren weiter konkretisierten Kanalbaupläne fielen ebenfalls in Wirtschaftskreisen, vor allem der Städ-

te, auf fruchtbaren Boden. Diese hatten den dringenden Wunsch, dass der weite Seeweg um Skagen herum durch eine Kanaltrasse quer durch Schleswig-Holstein verkürzt werde, zumal die schon bestehende Verbindung von Kiel bis Rendsburg durch den alten Schleswig-Holsteinischen Kanal (Eiderkanal) und weiter eiderabwärts bis Tönning sich für die größer werdenden Schiffe als zu klein und außerdem als zu zeitaufwändig erwiesen hatte.

Da jedoch der militärisch tonangebende Generalfeldmarschall Helmuth von Moltke eine Vergrößerung der Flotte dem Kanalbau zwischen Nord- und Ostsee vorzog, gelang es Kanzler Bismarck mit der Rückendeckung Wilhelms I. erst später, in den 1880er Jahren, sein Lieblingsprojekt der Kanalverbindung entschieden voranzutreiben. Dabei kam ihm nicht nur die allgemeine Weltlage zu Hilfe, sondern primär das schon vorhandene, auch unter wirtschaftlichen Gesichtspunkten recht schlüssige Baukonzept des Hamburger Kaufmanns und Reeders Hermann Dahlström. 1886 wurde nach vorangegangenen intensiven Beratungen das „Gesetz betreffend die Herstellung eines Nord-Ostsee-Kanals" im Reichstag verabschiedet. Nun stand eine Summe von 156 Mio. Mark für den Bau bereit. Die notwendige Bauverwaltung mit fünf Bauämtern unter Federführung der Kaiserlichen Kanal-Kommission wurde eingerichtet.

Nach einigem Hin und Her über die Trassenführung und Einbeziehen der an den Bau geknüpften Vorstellun-

gen der Admiralität wurde im Juni 1887 mit dem Bau begonnen. Die Länge des Kanals, vom Reichskriegshafen Kiel bis zur Elbmündung, war auf 98 km veranschlagt, seine Wasserspiegelbreite auf 66,70 m, die Sohlenbreite auf 22 m und die Tiefe auf 9 m. Über 80 Mio. m^3 Erde waren zu bewegen. Dazu bedurfte es rund 15 Mio. Tagewerken, wobei bis zu 8.000 Menschen aus vieler Herren Länder beschäftigt wurden. Im Einsatz waren 94 Lokomotiven, 66 Trocken- und Nassbagger, 20 Kräne, eine Vielzahl von Erdtransportwagen und Kipploren, von Dampframmen und -pumpen, Schleppdampfern, Kähnen und Schuten.

Die feierliche, ausnehmend pompös gestaltete Schlusssteinlegung am 21. Juni 1895 für das große Projekt zur Stärkung „vaterländischer Seemacht" nach etwa achtjähriger Bauzeit unter Leitung von Ingenieur Otto Baensch aus Zeitz (Sachsen-Anhalt) war Kaiser Wilhelm II. vorbehalten. Zu Ehren seines Großvaters Wilhelm I. taufte er die nunmehr für den Verkehr freigegebene Schifffahrtsstraße auf den Namen „Kaiser-Wilhelm-Kanal". Für Wilhelm II. wurde der Kanal zur Herzensangelegenheit. Denn unter seiner Ägide war die deutsche Politik nach dem Kaiser-Motto *„Unsere Zukunft liegt auf dem Wasser"* auf einen deutlich maritim-militärischen Kurs geschwenkt. Die Marine war des Kaisers Liebling und die Flotte sein machtpolitisches Prestigeobjekt. Sie sollte nach der Devise *„Weltmacht ist Seemacht"* militärische Stärke demonstrieren. Darüber hinaus hatte sie dem Schutz des auf die Weltmärkte drängenden deutschen Industriestaats zu dienen.

▲ *Hochbrücke und Rampenbrücken mit Schleifenbauwerk (links) nach Bauende in ihrer ganzen Länge und Schönheit. Vorn auf dem Rendsburger Kreishafengelände herrscht noch gähnende Leere.*

Das 1902 auf der Germania-Werft in Kiel gebaute Linienschiff SMS „Hessen" war eines der ersten Kriegsschiffe der Kaiserlichen Marine, die vor Ausbruch des 1. Weltkriegs die Rendsburger Hochbrücke nach der Vollendung passierten. ◀

Bereits im Lauf des Ersten, mehr noch aber später im Zweiten Weltkrieg, zeigte sich allerdings, dass der militärstrategische – anders als der wirtschaftliche – Nutzen des Kanals äußerst begrenzt blieb und nach vorherrschender Meinung dem deutschen Flotteneinsatz keine Vorteile brachte. Dem Kanal selbst ist die militärische Nutzlosigkeit letztlich sogar gut bekommen. Von Kriegseinwirkungen blieb er weitgehend verschont. Geschadet hat ihm jedoch die in Kriegs- und Nachkriegsjahren stark vernachlässigte Pflege. Vor allem nach dem Zweiten Weltkrieg wurden Schäden sichtbar, die nur mit erheblichem Mitteleinsatz zu beseitigen waren. Allein von 1965 bis zum 100-jährigen Bestehen 1995 mussten zum Instandhalten, zur Sicherung und erneuten Verbreiterung des Kanalbetts sowie für moderne technische Einrichtungen über eine Milliarde D-Mark investiert werden.

Kanalverbreiterung verlangt neue Brücken

Schon bald nach der Inbetriebnahme erwies sich der Kaiser-Wilhelm-Kanal in seinen Abmessungen als zu klein. Die von Admiral und Staatssekretär Alfred Tirpitz gelenkte Marinepolitik, die auf ein Wettrüsten mit der britischen Seemacht hinauslief, zielte ab auf eine drastische Vergrößerung und Stärkung der Flotte. Insbesondere für die immer riesiger gewordenen Schlachtschiffe war der Kanal zu eng. Deshalb wurden von 1907 bis 1914, bis zum Ausbruch des Ersten Weltkriegs, Verbreiterungsarbeiten vorgenommen, und zwar auf 102,50 m Wasserspiegelbreite und die doppelte Sohlenbreite von 44 m. Die Kanaltiefe betrug nach dem Ausbaggern 11 m.

Mit diesen Abmessungen erfüllte der Kanal vorerst die Ansprüche. 1938 jedoch fasste die Hitler-Regierung im Zuge ihrer Rüstungsmaßnahmen eine erneute Verbreiterung ins Auge. Sie wurde jedoch wegen des Kriegsausbruchs nicht mehr realisiert. Es sollten dann fast drei Jahrzehnte vergehen, bis die nächste, die zweite Kanalerweiterung 1966 auf 162,20 m Wasserspiegel- und 90 m Sohlenbreite in Angriff genommen und 1998 abgeschlossen werden konnte. Ab etwa Anfang der 1950er Jahre hatten der mit über 80.000 Schiffen pro Jahr stark angestiegene Verkehr sowie die kriegsbedingt oft mangelhafte Pflege der Kanalanlagen weitere aufwändige Sicherungsarbeiten notwendig gemacht, vor allem an den Kanalböschungen sowie durch Querschnittsverdoppelungen für Ausweichstellen. Diese und ähnliche Unterhaltungsarbeiten sind mittlerweile zur Daueraufgabe geworden.

Die erste Verbreiterung des Kanals nach 1907, die sich noch einmal auf Ausgaben von 242 Mio. Mark summierte, brachte naheliegend Konsequenzen für die Brückenbauten mit sich. In Rendsburg, an der wichtigsten Nord-Süd-Verbindung zwischen Skandinavien und dem südlichen Europa gelegen, sorgten bis dahin zwei jeweils eingleisige, in 150 m Abstand voneinander liegende schmale Drehbrücken von je 50 m lichter Durchfahrtweite für die Überführung des Eisenbahnverkehrs der Staatsbahnlinie Hamburg–Flensburg–Vamdrup über den Kanal. Diese für die ursprüngliche Kanalbreite ausgelegten Drehbrücken zwischen Rendsburg und Osterrönfeld mussten nun ersetzt werden.

Ein Vergleich der Abmessungen des Nord-Ostsee-Kanals (Normalquerschnitte).

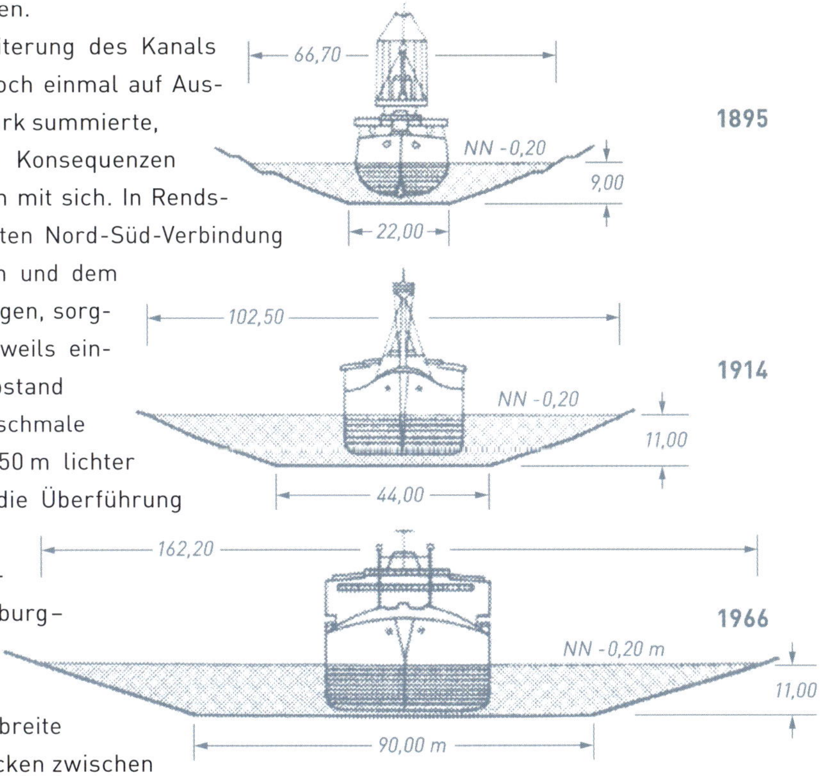

Da die Drehbrücken jedoch wegen ständigen Öffnens und Schließens für den Bahnverkehr und die Schiffspassagen mehr und mehr zum Hindernis geworden waren, was vor allem im Kriegsfall von entscheidender Bedeutung hätte sein können, sollten sie nicht ersetzt werden. Vielmehr entschloss sich die Reichsregierung, für die Hauptstrecke der Staatsbahn eine zweigleisige Eisenbahnhochbrücke zu bauen. Damit konnten Schiffe und die bislang bevorrechtigte Eisenbahn unabhängig voneinander verkehren. Diese Lösung war die wesentlich kostspieligere, auch deshalb, weil sie mit erheblichen städte- und geländebaulichen Eingriffen verbunden war. Wegen der Kanalverbreiterung musste auch die alte, östlich in geringem Abstand zu den Eisenbahnbrücken verlaufende Rendsburger Straßendrehbrücke ausgetauscht werden. Das dafür von Regierungsbaumeister Friedrich Voss neu errichtete zweiflügelige Bauwerk, das zusätzlich den Nahverkehr mit der Kleinbahn Richtung Hohenwestedt aufnahm, galt damals als besonders schön und auch als eines der größten dieser Art in Europa.

▲ *Publikumsmagnet unter der Rendsburger Hochbrücke. Diesmal ist es die „Balmoral", die die Blicke auf sich zieht.*

Die „Seabourn Sojourn", eine der schneeweißen Luxusherbergen zu Wasser, hat gerade die Hochbrücke hinter sich gelassen und passiert den neuen Schwerlasthafen Kiel-Canal. ▶

Der von 1887 bis 1895 erfolgte Bau des Nord-Ostsee-Kanals hatte eine Beeinträchtigung der historisch gewachsenen Kulturlandschaft zur Folge. Es waren Gewässersysteme, insgesamt 22 Straßen- und Schienenwege sowie Nachbarschaften und landwirtschaftliche Betriebe zerschnitten worden. Damit überkommene Funktionen nicht völlig auseinandergerissen wurden, hatte sich das Deutsche Reich als Bauherr des Kaiser-Wilhelm-Kanals verpflichten müssen, den reibungslosen Übergang über den Kanal zu gewährleisten. Das hieß insbesondere, die unterbrochenen wichtigen Verbindungswege durch Brücken oder Fähren wiederherzustellen. Alle bis heute entstandenen 13 Personen- und Fahrzeugfähren sowie die Straßen- und Fußgängertunnel in Rendsburg können daher kostenlos genutzt werden.

Stark betroffen durch den Bau der neuen Wasserstraße war die Stadt Rendsburg. Sie verlor aufgrund einer Wasserspiegelsenkung ihren an eine Grachtenstadt erinnernden Charakter mit allen weiteren Konsequenzen. Das gegenüberliegende Osterrönfeld gehörte zu den umliegenden Dörfern, die die Landverbindung zu Rendsburg einbüßten. Das änderte sich erst mit dem Bau der Hochbrücke. Über den Kanal hatte hier zwar auch vorher keine Übergangsmöglichkeit für Fahrzeuge und Fußgänger bestanden; doch aufgrund der Tatsache, dass Osterrönfeld eisenbahnverkehrstechnisch weiter von Rendsburg abrücken und ein neuer Bahnhof am Brückenende außerhalb des Ortes angelegt werden musste, gelang es der Gemeinde, gegen anfänglichen Widerstand der Kanalbauverwaltung, als „Wiedergutmachung" eine Fährverbindung durchzusetzen.

Das war die Geburtsstunde der Schwebefähre, eines Unikums, das, wie die Hochbrücke, bis heute größte Aufmerksamkeit findet und für die Fahrgäste, die sie regelmäßig benutzen, um zur Arbeitsstätte oder zum Einkaufen nach Rendsburg zu gelangen, unentbehrlich geworden ist. Das Besondere: Die Fähre sollte direkt an der Eisenbahnhochbrücke aufgehängt werden, eine zu jener Zeit völlig neue und damals wie heute einmalige Technik.

Es gab zwar damals schon und auch später an mehreren Stellen „schwebende Fähren", die jedoch an eine Extrakonstruktion angehängt waren, wie zum Beispiel in Osten/Hemmoor (1909), im spanischen Portugalete (1893) oder die Transporter Bridge im

▲ *Am Rendsburger Kanalufer: Die Schwebefähre läuft ein. Das Wartehäuschen rechts beherbergt eine Brückenausstellung.*

englischen Middlesbrough (1911), nirgends aber in Verbindung mit einer Eisenbahnbrücke. Eine solche Extrakonstruktion war auch die zweite in Schleswig-Holstein bis 1923 betriebene, 56 m hohe und 118 m lange Schwebefähre, die in Kiel die Kaiserliche Werft mit der neuen Werftanlage auf dem Kiel-Ellerbeker Gelände verband. Bis zum heutigen Tage ist daher die Schwebefähre zwischen Rendsburg und Osterrönfeld außergewöhnlich und eine im wörtlichen Sinne einmalige Konstruktion.

Mit Schwebefähren-Weltverband zum UNESCO-Kulturerbe

Mittlerweile zählt die „Eiserne Lady", wie die Schwebefähre in Rendsburg gern genannt wird, zu den letzten acht Hänge-Trajekten, die weltweit noch als Verkehrsmittel im Einsatz sind. Mit dem Ziel, für diese ungewöhnlichen und selten gewordenen Baudenkmäler bei der internationalen Bildungs-, Wissenschafts- und Kulturorganisation UNESCO die Anerkennung als Weltkulturerbe zu erlangen, haben sich die Träger und Eigentümer dieser Fähren und auch

Denkmalschützer im Herbst 2003 in Spanien zusammengefunden und einen Weltverband der Schwebefähren gegründet. Durch gemeinsames Vorgehen und mit tatkräftiger Unterstützung des spanischen Königs Juan Carlos I., der sich mit dem Appell *„Bewahrt diese Brücken, die Schwebefähren gehören der ganzen Menschheit!"* als Schirmherr und Ehrenvorsitzender diesem Vorhaben besonders verpflichtet hat, hofft der Verband, die Chancen für eine Anerkennung als „historisches Bauwerk" beim Weltkulturerbe-Komitee der UNESCO wesentlich zu verbessern.

Zwei Jahre später, 2005, einigten sich Schwebefähren-Vertreter aus Deutschland (Rendsburg, Osten-Hemmoor), Spanien (Portugalete bei Bilbao), Frankreich (Rochefort), Großbritannien (Newport, Middlesbrough, Warrington) und Argentinien (Buenos Aires) im französischen Rochefort auf eine noch engere Kooperation. Die älteste unter den Schwebefähren, die nahe dem spanischen Bilbao seit 1893 ihren Dienst versieht, hat 2006 den UNESCO-Status schon allein erreicht und seitdem, wie dort zu beobachten ist, enorm an Aufmerksamkeit gewonnen. Dadurch ermutigt, gründeten im selben Jahr die beiden deutschen Schwebefähren-Standorte Rendsburg-Osterrönfeld und Osten/Hemmoor im Landkreis Cuxhaven auf Betreiben der drei Bürgermeister einen nationalen Dachverband, den „Arbeitskreis Deutsche Schwebefähren/German Transporter Bridges Association". Vorstand und Geschäftsleitung dieses im Rahmen der AG Osteland wirkenden Arbeitskreises knüpfen an den Zusammenschluss die Erwartung, dass die beiden Schwebefähren künftig nicht nur als Verkehrsweg, sondern mit Hilfe verstärkter Aufklärung auch als „bewundernswertes Denkmal und technikhistorische Attraktion von internationalem Rang" wahrgenommen werden.

Die öffentliche Aufmerksamkeit soll mithelfen, den langwierigen und verfahrensmäßig schwierigen Weg zur Erlangung des UNESCO-Status zu ebnen. In Deutschland

hat i.d.R. nur ein Bauwerk pro Jahr Aussicht, als Weltkulturerbe anerkannt zu werden. Da jedoch schon eine Reihe anderer Kulturdenkmäler Norddeutschlands auf der Anmeldeliste für das Weltkulturerbe stehen, wird ein „Verdrängungswettbewerb" letztlich darüber entscheiden, wann für die beiden deutschen Schwebefähren Aussicht besteht, auf die Prioritätenliste zu gelangen.

Unabhängig von diesen Initiativen beschloss im Oktober 2009 der Weltverband auf einer Konferenz in Rendsburg, bei der UNESCO einen gemeinsamen Antrag auf Anerkennung als Weltkulturerbe zu stellen. Er soll unter Federführung von Argentinien die anderen sieben weltweit noch existierenden Schwebefähren umfassen. Allerdings machten die Ländervertreter deutlich, dass bei realistischer Betrachtung frühestens in acht bis neun Jahren die Anerkennung zu erreichen sei. Die schleswig-holsteinische Landesregierung – bei den Bundesländern liegt das Vorschlagsrecht – entschied am 7. August 2012, die Schwebefähre für eine Aufnahme in die UNESCO-Liste offiziell vormerken zu lassen und als Teil einer transnationalen Bewerbung an die Kultusministerkonferenz zu melden.

▲ *Ein faszinierendes Bild, wenn die Hochbrücke bei festlichen Anlässen, wie hier beim Rudermarathon des E.ON Hanse Cup mit der ZDF-Sendung „Wetten, dass..?", in verschiedenen Farben angestrahlt wird und über dem Wasser zu schweben scheint.*

Als Leitprojekt im Rahmen der Gebietsentwicklungsplanung wird das „Lichtkunstwerk Hochbrücke" erstmals aus Anlass des 100. Geburtstags am 1. Oktober 2013 mit aufwändiger LED-Technik in unterschiedlichen Farben erstrahlen. Besucher können vom Ufer aus per Hand die Strahler steuern und die gewünschte Farbe wählen.

Hinter den gemeinsamen Bemühungen am Nord-Ostsee-Kanal und an der Oste um die Erhaltung der beiden Schwebefähren und um mehr öffentliches Interesse verbirgt sich zugleich das Ziel, den Tourismus beleben und ihn mit finanziellen Mitteln der EU fördern zu können. Die beiden deutschen Schwebefähren sind in diesem Sinne spektakuläre Wahrzeichen der im Frühjahr 2004 eröffneten „Deutschen Fährstraße", einer rund 250 km langen touristischen Ferienstrecke, die von Kiel bis Bremervörde an der grünen Küstenstraße reicht. Auf diesem Weg durch idyllische Niederungen und Moorgebiete, durch weite Marsch-, flache Geest- und hügelige Moränenlandschaften werden dem Reisenden „Erlebnis-Fährien" zwischen Oste und Ostsee geboten. Eine Besonderheit der Fährstraße: Sie zeigt alle Möglichkeiten auf, die der Mensch entwickelt hat, um Gewässer zu überqueren.

So sorgen außer den beiden letzten noch intakten Schwebefähren Deutschlands zehn Hoch- oder Klappbrücken, zwei Tunnels und mehrere Prahmfähren für interessante Fahrtunterbrechungen. Zu erleben gibt es neben schöner Natur viele Besonderheiten an dem noch vor Suez- und Panama-Kanal meist befahrenen künstlichen Schifffahrtsweg der Welt, vor allem imposante Traumschiffe sowie die mächtigen Schleusenanlagen in Brunsbüttel und Holtenau, ferner Sperrwerke, Museen und in Rendsburg den Fußgängertunnel mit der längsten Rolltreppe Deutschlands sowie die Schiffsbegrüßungsanlage. Und dort, so die Verantwortlichen in Rendsburg und Osterrönfeld, sollte es – aus Anlass des 100-jährigen Jubiläums und mit den erhofften UNESCO-Fördermitteln auch gelingen, die „Meisterwerke der Technik", die Hochbrücke und die Schwebefähre, buchstäblich ins rechte Licht zu rücken. Sie sollen dann regelmäßig bei besonderen Anlässen auffallend beleuchtet werden. Über 50 maritime Sehenswürdigkeiten insgesamt hat die Deutsche Fährstraße zu bieten.

Das größte Stahlbauwerk im Kaiserreich entsteht

Hochbrücken als „Wunder der Technik"

„In der Nähe von Rendsburg ist zur Überführung der Eisenbahn, welche hauptsächlich strategischen Zwecken dienen soll, ein gewaltiges Bauwerk vorgesehen, dessen Ausführung in Kürze in Angriff genommen wird. Dasselbe dürfte nach seiner Vollendung zu den gewaltigsten Brückenbauten zählen, die das Deutsche Reich aufzuweisen hat." So heißt es, nicht ohne Stolz, im „Rendsburger Wochen-

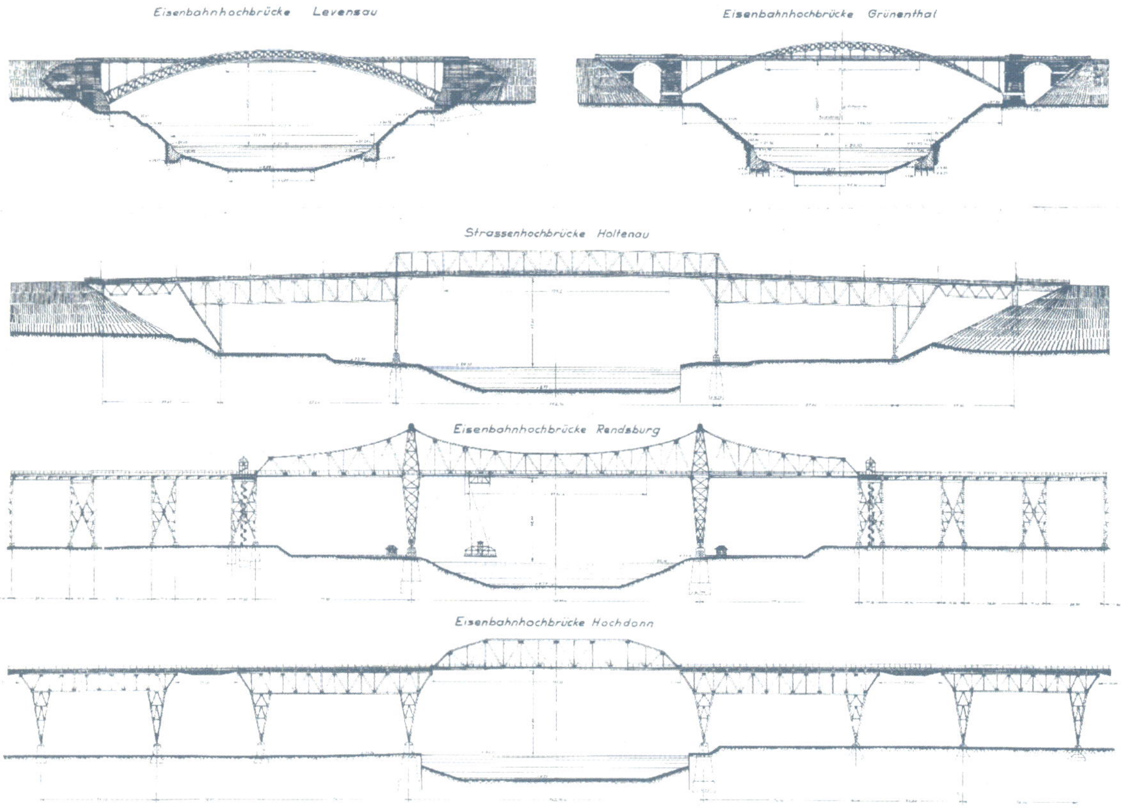

blatt" vom 28. Mai 1911. Dieser große Brückenbau, berichtet das Blatt weiter, solle aus einer Hochbrücke und einer eisernen Viaduktbrücke von ca. 2,3 km Länge bestehen. Die ganze Brücke zergliedere sich in zwei Seitenöffnungen von ca. 75 m und eine Mittelöffnung von ca. 150 m, die das Fahrwasser überspanne. Die Fahrbahn der Hochbrücke überschreite in der *„außerordentlichen Höhe von ca. 45 m"* den Kanal, sodass selbst größte Kriegsschiffe mit ihren

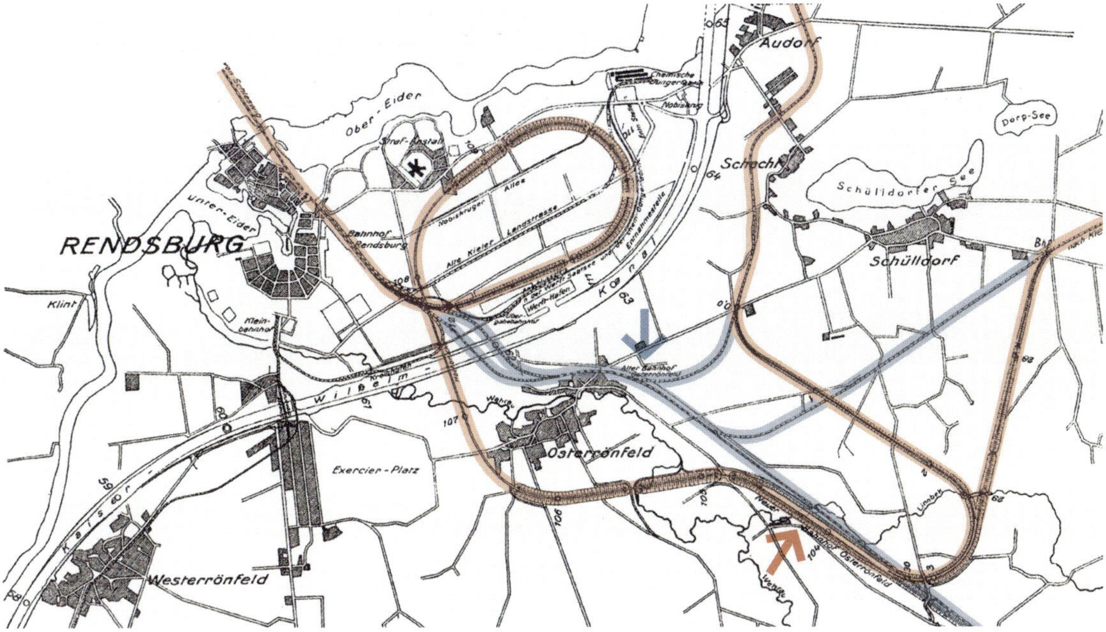

hohen Masten unter der Brücke durchfahren könnten. Zu beiden Seiten der Hochbrücke sollten sich, auf ca. 30 m hohen Eisenpfeilern ruhend, eiserne Blechbalkenbrücken von ca. 30 m Lichtweite fortlaufend anschließen. Die Kosten würden bei rund vier Mio. Mark liegen.

Für die Bauausführung der Hochbrücke waren, dem Bericht zufolge, bereits die Firmen Gutehoffnungshütte Oberhausen und die Dortmunder Brückenbau-Anstalt C. H. Jucho in Aussicht genommen worden. Die Gutehoffnungshütte konnte damals auf den von ihr schon begonnenen Bau der Hochbrücke bei Holtenau und die dabei gewonnenen Erkenntnisse bei einem besonders schwierigen Montageakt verweisen: die Überbrückung der Mittel-

▲ *Die Skizze von 1913 zeigt die alte und die neue Eisenbahnlinienführung mit Schleife und Abzweigungen nach Hamburg und – um Osterrönfeld herum – nach Kiel.*

alt *neu*

◄ *Vergleich der Brückenbauten über den Nord-Ostsee-Kanal (obere Reihe: erste Generation, darunter: zweite Generation).*

öffnung über den Kanal ohne Rüstung, also freitragend. Das war notwendig, weil die Schiffbarkeit des Wasserwegs durch Pfosten, Masten und dergleichen Rüstzeug nicht beeinträchtigt werden durfte. Die beiderseitigen Viadukte sollten laut Planung von der Dortmunder Firma Jucho erstellt werden. *„Die Fertigstellung des Bauwerks"*, hieß es abschließend im im Bericht des Wochenblatts, *„muß bis zum Herbst 1913 geschehen."*

Die stürmische industrielle Aufwärtsentwicklung im 19. Jahrhundert und die Erfindung der Eisenbahn hatten damals zum Aufbau eines Verkehrsnetzes in völlig neuen Dimensionen geführt. Viele Flüsse und Kanäle, Binnenwasserstraßen aller Art waren zu überwinden. Dazu dienten Fähren sowie bewegliche Dreh-, Klapp-, Hub- oder Hochbrücken, über die die Straßen und die durchs Land verlaufenden Schienenstränge geleitet wurden. Der Tunnelbau unter einem Wasserweg war zu damaliger Zeit systembedingt meistens noch unwirtschaftlich. Schwimmende Fähren wiederum eignen sich als Kanal- oder Flussquerung nur dort, wo keine zu großen Transportkapazitäten erforderlich sind, denn ihre Tragfähigkeit ist begrenzt. Außerdem sind sie vom Wetter und vom Schiffsverkehr abhängig, können ihn auch behindern. Brücken (oder Tunnels) gelten daher generell als die bessere Lösung, zumal sie nicht nur eine schnellere, sondern auf längere Sicht auch eine billigere Querung als die meist personalintensiveren Fähren sind.

Bevorzugter Baustoff beim Brückenbau damals waren Eisen, zunehmend aber das härtere Flusseisen, sowie Stahl und Stahllegierungen. Allerdings sprach und spricht man bei Stahlbrücken auch heute noch häufig von Eisenbrücken oder „Eisenbauten". Deutsche Ingenieurkunst erfand eiserne Fachwerkbrücken in den unterschiedlichsten Formen. In Schleswig-Holstein wurden die größten und interessantesten Brücken in Verbindung mit dem Kaiser-Wilhelm-Kanal errichtet. Sie galten weit über die engere Region hinaus jedoch als „Wunder der Technik" und haben die Geschichte der Brückenbaukunst entscheidend mitgeprägt. Neben vier Drehbrücken und 12 Übergangsstellen für Fähren entstanden 1889/92 sowie 1893/94 die ersten beiden Hochbrücken für den Eisenbahnverkehr, und zwar bei Grünental und Levensau. Zwischen zwei steinernen Rampenköpfen spannte sich bei diesen vor der Erweiterung des Kanals errichteten Brücken der so genannten ersten Generation jeweils ein Eisenfachwerkbogen in einer Höhe von 42 m über den Kanal. Beide Bauwerke fanden damals viele Bewunderer in Deutschland. Zu ihnen gehörte vor allem Wilhelm II., der sich geradezu euphorisch darüber geäußert haben soll.

Noch gehören die kurzen und schmalen Kanal-Drehbrücken – vorn im Bild ist eine geöffnet – nicht zum alten Eisen.

Friedrich Voss, der geniale Erbauer der Rendsburger Hochbrücke. Nach seinen Plänen folgten noch etliche weitere Brückenbauten.

Friedrich Voss – ein begnadeter Brückenbauer

Im Zuge der Kanalerweiterung nach 1907 wurden, wie dargelegt, einige Drehbrücken durch Hochbrücken ersetzt. So entstanden nach den Brücken der sogenannten ersten Generation in Levensau und Grünental als Brücken der zweiten Generation die Straßenhochbrücke in Holtenau

(1909/12) sowie die Eisenbahnhochbrücken in Rendsburg (1911/13) und in Hochdonn (1915/20), letztere für die Marschenbahn nach Westerland. Die Pläne für diese neuen als Stahlauslegerbrücken konstruierten Kanalüberführungen lieferte der Brückenkonstrukteur Friedrich Voss. Dieser Mann, über den ein sich hartnäckig haltendes Gerücht fälschlicherweise wissen will, er habe sich vor der Einweihung von der Rendsburger Hochbrücke gestürzt, weil er seinem Werk misstraute, war ein begnadeter Brückenbauer.

Am 7. Juli 1872 in Calvörde, Kreis Helmstedt, geboren, begann der niedersächsische Bauernsohn nach der Schulausbildung das Studium an der Technischen Hochschule Braunschweig. Nach dem Studium entdeckte er seine Leidenschaft für Brückenbauten. Berufliche Stationen auf dem weiteren Weg waren die Wasserbauverwaltung Harburg, die Kanalisationsabteilung Königsberg, die Brückenbauabteilung bei MAN sowie der Brückenbaubetrieb in Gustavsburg/ Mainz. Mit diesen umfassenden beruflichen Erfahrungen wurde der 36-jährige Friedrich Voss 1908 im Ministerium für öffentliche Arbeiten zum Leiter der Brückenbauabteilung an das Kaiserliche Kanalamt in Kiel berufen. In den folgenden Jahren baute er die drei genannten Hochbrücken. Die – alles in allem – in der Rekordzeit von weniger als drei Jahren errichtete ausgedehnte Rendsburger Brückenanlage für die Haupteisenbahnstrecke durch Schleswig-Holstein galt als das „größte und technisch spektakulärste europäische Stahlbauwerk". Als einer der ersten Ingenieure nutzte Voss für seine Hochbrücken einen schon für den im U-Bootbau entwickelten harten Flussstahl.

Leiten ließ sich der Ingenieur bei seinen Konstruktionen vom Prinzip: „Brücken müssen schön sein, aber doch wirtschaftlich." Schön sein, das hieß für ihn ästhetisches Aussehen durch eine filigrane und damit luftig wirkende Gestaltung sowie ein bedachtsames Einpassen in die Landschaft. Und das sei ihm bei der Rendsburger Hochbrücke, meinte das örtliche Wochenblatt, recht gut gelungen: „*Die Hochbrückenanlagen, die nach dem Urteil weit gereister Personen in Vergleich gestellt werden können mit den berühmtesten Bauwerken der Erde*", heißt es dazu, „*sind in den letzten Wochen das Ziel vieler Fremden gewesen, die immer wieder bestätigten, daß ihre Erwartungen von der Wirklichkeit weit übertroffen seien. Die zahlreichen photographischen Abbildungen, die die gesamte deutsche Presse von dem fertig gestellten Bauwerk gebracht hat, geben nur ein schwaches Bild der Gesamtanlage [...] Bei der schönen Herbstwitterung gewinnen die Reisenden durchweg kostenlos ein Panorama über den mittleren Teil der Provinz Schleswig-Holstein, wie*

So blank und glatt ist der Nord-Ostsee-Kanal nur selten. Kümo „Zillertal" kann sich in seinem Wasser spiegeln.

es abwechslungsreicher und interessanter kaum gedacht werden kann." Bei der Planung der Hochbrücke griff Voss übrigens zu einer außergewöhnlichen Methode. Er fertigte keine perspektivische Zeichnung an, sondern beauftragte einen Modelleur, das Bauwerk mit Pappe, Kleister und Gips im Maßstab 1:500, in Teilen auch 1:10 anzufertigen. Friedrich Voss: *„Die Konstruktion war damit vollständig durchgearbeitet."*

Voss, der später gern betonte, *„daß keine Brücke im damaligen Deutschland relativ so billig gebaut wurde"*, bekam nach der Kanalerweiterung den Auftrag, auch die zweiflügelige Rendsburger Straßen-Eisenbahn-Drehbrücke zu konstruieren, die ebenfalls am 1. Oktober 1913 ihren Betrieb aufnahm. Wie sehr sie als populäres Bauwerk empfunden wurde, obgleich sich immer häufiger lange Autoschlangen vor diesem Kanalübergang bildeten, zeigte sich noch einmal deutlich in der bedauernden Reaktion der Rendsburger Bevölkerung, als sie am Tage der Tunneleinweihung, am 25. Juli 1961, stillgelegt und bald danach abgerissen wurde.

▲ *Unter dem Neptun am Nord-Ostsee-Kanal nahe dem „Conventgarten" in Rendsburg: Gedenktafel für Friedrich Voss.*

Rückblickend gilt Voss als einer der erfolgreichsten deutsche Brückenbauer des 20. Jahrhunderts. Er ist der Vater vieler Brücken, die in den Jahrzehnten nach seinem Ausscheiden aus dem Staatsdienst im eigenen Ingenieurbüro in Kiel für Bahnen und Straßen in Deutschland geplant wurden. In Schleswig-Holstein gibt es aus seiner Hinterlassenschaft auch bewährte Beispiele von Flussquerungen, so unter anderem die Straßenbrücke bei Friedrichstadt und die Klappbrücke über die Eider bei Lexfähre. Voss' guter Ruf reichte schließlich bis nach Schweden zur Hauptstadt Stockholm, die von ihm die Entwürfe für eine Eisenbahn- und Straßenbrücke erwarb.

Bei all seinen Erfolgen blieb Friedrich Voss, wie es in Beschreibungen seiner Person heißt, ein „außerordentlich bescheidener Mensch", der auch mehr Idealist als Kaufmann war. 1922 durfte er sich über die Verleihung des Titels eines Dr. Ing. e. h. der Technischen Hochschule Braunschweig freuen. Seine Lebensleistung als Brückenbauer fand am 3. März 1953, allerdings erst einen Tag nach seinem Tod, mit der Verleihung des Bundesverdienstkreuzes die verdiente Anerkennung. Ihm zum Gedenken hat die Kanalverwaltung dort, wo 1966 die Rendsburger Straßendrehbrücke abgebrochen wurde, am Kanalufer eine Ehrentafel errichtet.

Von der Kaiserlichen Kanalkommission zum Wasser- und Schifffahrtsamt

Friedrich Voss leitete, wie erwähnt, die Brückenbauabteilung im Kaiserlichen Kanalamt. Ihm waren Ämter und Behörden über- und unterstellt, deren Namen allerdings später mehrfach geändert worden sind. Einige Erklärungen sind hier im Grundzug zum Aufbau der Wasserstraßen- und Bauverwaltung damals und heute nötig: Der Kaiser-Wilhelm-Kanal war von vornherein ein Unternehmen nicht des Landes Preußen, sondern des Reiches, was damit zusammenhängt, dass der Kanal als „die erste Reichswasserstraße" vor allem für Zwecke der Landesverteidigung gebaut wurde.

Aufgrund dieser Sonderstellung berief das Reich für die Bauausführung eine Kaiserliche Kanal-Kommission mit Sitz in Kiel. Ihre Tätigkeit endete mit Abschluss der Kanalbauarbeiten. Für die Verwaltung, die Unterhaltung und den Betrieb des Kanals nach seiner Vollendung richtete das damalige Reichsamt des Innern 1895 das Kaiserliche Kanalamt in Kiel ein mit den Wasserbauinspektionen Brunsbüttel und Kiel-Holtenau, denen die fünf Kanalmeistereien nachgeordnet waren, sowie mit der Maschinenbauinspektion Rendsburg, Staatswerft Saatsee. Dem Kaiserlichen Kanalamt und seinen Unterbehörden wurde auch die Kanalerweiterung übertragen. Einbezogen in den Bau der Rendsburger Hochbrücke mit Schwebefähre war die Maschinenbauinspektion in Rendsburg, die insbesondere für die Unterhaltung des Maschinen-, Fahrzeug- und Geräteparks zuständig war.

Schiffe ankern vor geschlossener Drehbrücke, denn die Bahn hat Vorfahrt. Erst die Eisenbahnhochbrücke, die nach den Kanalerweiterungsarbeiten (links im Bild) errichtet wurde, brachte die Gleichberechtigung.

Nach 1919 wurden das Kaiserliche Kanalamt in Reichskanalamt, die Wasserbauinspektionen in Wasserstraßenämter und die Maschinenbauinspektion in Wasserstraßen-Maschinenbauamt Rendsburg-Saatsee umbenannt. 1939 ging das Reichskanalamt im Zuge der geplanten, dann aber wegen Kriegsausbruchs nicht verwirklichten Erweiterung des Nord-Ostsee-Kanals in der neu gegründeten, dem Oberpräsidenten der Provinz Schleswig-Holstein angegliederten Wasserstraßendirektion Kiel auf, die fachlich nach den Weisungen des Reichsverkehrsministers arbeitete. Der direkte Bezug zum Reich blieb also erhalten. Mit Inkrafttreten des Grundgesetzes 1949 erfolgte die Überleitung der Wasserstraßenverwaltung in die Zentralinstanz des Bundesverkehrsministeriums. Aus der Wasserstraßendirektion Kiel wurde die *Wasser- und Schifffahrtsdirektion Nord (WSD Nord)*.

Mit der Neuordnung der Wasser- und Schifffahrtsverwaltung 1976 schließlich wurden die Wasserstraßenämter/

Wasserbauämter in *Wasser- und Schifffahrtsämter* umbenannt. Im Bereich der ehemaligen WSD Nord arbeiteten nunmehr für den Nord-Ostsee-Kanal die beiden Wasser- und Schifffahrtsämter Kiel-Holtenau und Brunsbüttel sowie das im Zuge des Straßentunnelbaus in Rendsburg eingerichtete Neubauamt Nord-Ostsee-Kanal mit der Fachstelle Maschinenwesen Nord. Am 1. April 2007 wurde das Neubauamt Dienststelle des Wasser- und Schifffahrtsamts Kiel-Holtenau. Es wurde in den 1990er Jahren damit beauftragt, eine Grundinstandsetzung der Eisenbahnhochbrücke Rendsburg (GI-Maßnahme) mit einem Finanzvolumen von 75 Mio. Euro durchzuführen. Diese ist noch nicht abgeschlossen und hat mittlerweile ein Volumen von 95 Mio. erreicht. Eine weitere Umorganisation der Wasser- und Schifffahrtsverwaltung, die zu Einsparungen führen soll, steht an.

Reichstag: Drehbrücken eine „Quelle von Übelständen“

Dem Bau der Rendsburger Hochbrücke waren Beratungen im Reichstag vorangegangen, in denen die Drehbrücken über den Kaiser-Wilhelm-Kanal, insbesondere bei Rendsburg und Taterpfahl/Dithmarschen (wo nach 1913 die Hochbrücke Hochdonn errichtet wurde), als nicht mehr zeitgemäß bezeichnet worden waren. Da die Bahn das Vorfahrtsrecht hatte und die Drehbrücken 15 Minuten vor Ankunft des Zuges geschlossen werden mussten, kam es für die Schiffe oft zu langen Wartezeiten. *„Wo sich zwei wichtige Verkehrswege kreuzen“*, heißt es dazu in einem Reichstagsprotokoll von 1907, *„muß die Kreuzung so ausgelegt werden, dass gegenseitige Störung ausgeschlossen ist. Die Drehbrücken bei Rendsburg und Taterpfahl haben seit Inbetriebnahme des Kanals fortgesetzt die Quelle von Übelständen verschiedener Art gebildet, die dem Anwachsen des Verkehrs auf dem Kanale sowohl wie auf den Eisenbahnen unerträglich zu werden drohen [...]“*.

Br.B. 2

Weiter steht im Protokoll: *„In diesen durch die Drehbrücken veranlaßten Verkehrsschwierigkeiten erblickt die Handelsschiffahrt mit Recht Mängel, deren Abstellung sie dringend wünschen muß [...]. Für die Kriegsmarine werden aber die Drehbrücken zu Verkehrshindernissen, die den militärischen Wert der Kanalanlage stark beeinträchtigen [...]. So kommt noch hinzu, daß für den Kriegsfall der Kanal nicht nur für die Flotte ungehindert passierbar bleiben muß, sondern dann gleichzeitig auch eine besonders starke Inanspruchnahme der Eisenbahnen durch die Landarmee erforderlich werden wird. Die Störung in dem planmäßigen Aufmarsche der Flotte sowohl wie der Landarmee würde beim Bestehenlassen der Drehbrücken die Interessen der Landesverteidigung ernstlich gefährden [...]. Aus allen diesen Gründen müssen trotz der dadurch eintretenden Steigerung der Kosten die Drehbrücken bei Rendsburg und Taterpfahl durch Hochbrücken ersetzt werden."*

Rendsburger Hochbrückenanlage – ein aufwändiges Unternehmen

Beim Rendsburger Hochbrückenbau war die Eisenbahnverwaltung des Reiches vor eine kostspielige und auch technisch besonders schwierig zu lösende Aufgabe gestellt. Denn zur Überwindung des Höhenunterschieds bis zur Brücke bei Berücksichtigung der zulässigen maximalen Steigungsverhältnisse der Bahn war wegen des flachen Geländes nördlich und südlich des Kanals der Bau weitreichender Rampenstrecken in Form von Erddämmen erforderlich.

Während jedoch die örtlichen Verhältnisse südlich des Kanals der Neutrassierung und Errichtung des Dammes keine größeren Hindernisse entgegenstellten, gestaltete sich der Bau im Stadtgebiet wesentlich aufwändiger, weil der Bahnhof nur etwa 600 m vom Kanal entfernt lag. Es war also auf relativ kurzem Weg bis zur Überfahrtstelle an der auf 42 m festgelegten lichten Brückenhöhe ein

Am Beginn der Arbeiten an der Kanalbrücke stand die Errichtung der Pylone (Hauptpfeiler). Auf ihnen und den sogenannten Kalottenlagern ruht die mächtige Last von Brücke und Schwebefähre. Die Füße der Pylone reichen hinab bis 15 m unter Wasserspiegelhöhe.

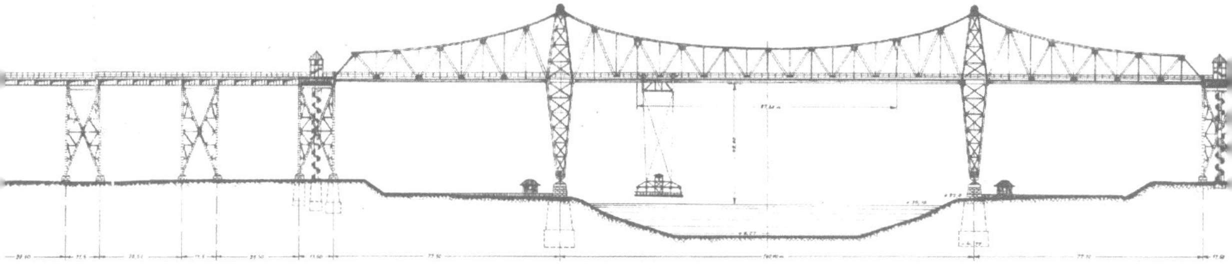

beträchtlicher Höhenunterschied zu überwinden. Nördlich des Kanals wurden daher insbesondere zwei Maßnahmen vorgenommen: Erstens wurde der Bahnkörper, beim Obereiderbecken beginnend, einschließlich des Bahnhofsgeländes um etwa 4,5 m höher gelegt, ein Vorgang, mit dem man auch der Stadt für die Straßenentwicklung entgegenkam. Zweitens wurde zwischen Bahnhof und Kanal zum Erreichen der Brückenhöhe und wegen des durch die Bahnverwaltung vorgeschriebenen maximalen Steigungsverhältnisses von 1:150 ein 4,5 km langer, ellipsenförmiger Schleifendamm bis zu 28 m Höhe aufgeschüttet. Für die Ausführung der Dämme (einschließlich Umlegung der Kieler Bahn und der Audorfer Industriebahn) waren rund 5,2 Mio. m^3 Boden nötig, die überwiegend bei der Erweiterung des Kanals anfielen.

Die Auffahrthöhe wurde nördlich wie südlich des Kanals ab Ende der aufgeschütteten Dämme vor allem aus Gründen der Wirtschaftlichkeit durch stählerne Rampenbrücken erreicht. Zusammen mit der den Kanal überspannenden Brücke bilden sie zwischen den Widerlagern Nord und Süd an den Dammköpfen die insgesamt etwa 2,5 km lange Hochbrücke. Diese Baumaßnahmen mit der Steigungsschleife waren bis dahin im deutschen Flachland einmalig. *„Die Hochbrücke über den erweiterten Kaiser-Wilhelm-Kanal“*, so das Rendsburger Wochenblatt, *„wird wohl die größte und teuerste Anlage dieser Art in Deutschland.“*

Erschwerend kam hinzu, dass nach der Hochlegung des Bahnhofs die Gleis- und Bahnsteiganlagen verändert, insbesondere verlängert und erweitert werden mussten. Unumgänglich war außerdem neben der Verlegung der Bahnlinie Rendsburg-Neumünster eine Trassenänderung nach Kiel sowie die Verlegung der Anschlussbahnen der Audorfer

▲ *Zeichnung des Wasserbauamts Kiel Holtenau von der Rendsburger Hochbrücke.*

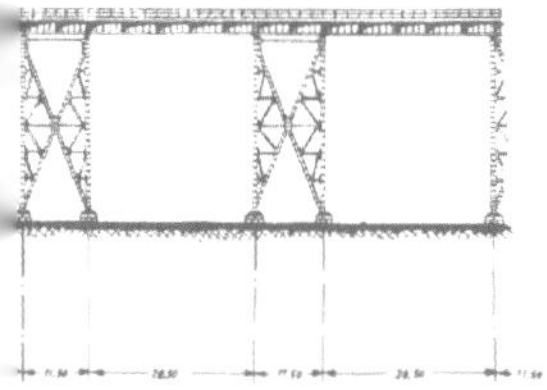

Land- und Industriegesellschaft, der Chemischen Düngerfabrik Rendsburg sowie der Bahn zur Saatseewerft. Die Weiterführung der Bahnlinie nach Neumünster auf dem für den Höhengewinn notwendigen, relativ hohen und breiten Damm südlich des Kanals bedingte ferner die Verlegung des Bahnhofs Osterrönfeld um 1,8 km nach Süden. Die Inanspruchnahme einer relativ großen Landfläche für die Dammbauten war kostspielig und verlangte entsprechend umfangreiche Verhandlungen mit den Grundeigentümern über die notwendigen Landankäufe.

Aufwändige Baumaßnahmen waren auch die jeweils vier größeren Straßenunterführungen in Form gewölbter Brücken aus Ziegelmauerwerk auf der Nord- und Südseite. Diese Öffnungen im Schleifendamm, die in ihrer roten Verblendung eine wirkungsvolle Unterbrechung der grünen Dammböschungen bilden, waren nötig, da die Schleife das sogenannte Stadtfeld zwischen Kanal und Obereider mit der stark befahrenen Alten Kieler Landstraße und dem gern besuchten Ausflugsgelände Nobiskrüger Gehölz umschloss. Wegen des anzunehmenden stärkeren Verkehrs war auch eine ungehinderte Zufahrt zur Saatseewerft, dem späteren Wasserstraßen-Maschinenamt, zu berücksichtigen.

Ein bedeutender Kostenfaktor waren schließlich die Hilfslokomotiven, die bereitgehalten werden mussten, wenn besonders lange Züge die Hochbrücke passieren mussten. Diese sollten auf der Südseite der Brücke auf dem Bahnhof Bokelholm stationiert werden, was dort wiederum einen größeren Lokomotivschuppen, einen Wasserturm sowie Unterkünfte für das Bahnpersonal erforderlich machte. Immerhin passierten damals täglich fast einhundert Züge, darunter Güterzüge von beträchtlicher Länge, den Kanal bei Rendsburg. Die Eisenbahnverwaltung hatte also mit einer außerordentlichen Verteuerung des Betriebs an der Kanalübergangsstelle Rendsburg zu rechnen.

Massiver Widerstand gegen ein „Monstrum"

Was angesichts der Wertschätzung, die die Eisenbahnhochbrücke heute genießt, schwer vorstellbar ist: Als sich die ersten Nachrichten vom geplanten Brückenbau in Rendsburg verbreiteten, war das Echo darauf in der Bürgerschaft und bei den Stadtoberen keineswegs zustimmend. Wie oft bei städtebaulichen Neuerungen, waren die Kritiker schon zur Stelle, noch bevor sie die genaueren Pläne zur Gestaltung der Brückanlage kannten.

Die Skeptiker befürchteten, mit einer Hochbrücke ein „Monstrum" zu bekommen, das anders als eine Fähre das Stadtbild störe. So heißt es u.a. in einem Brief des Magistrats der Stadt vom 9. Oktober 1907 an das Reichsamt des Innern: *„Wir können […] das Vorhandensein einer Hochbrücke […] als einen Vorteil für die Stadt nicht ansehen. Es mag zwar richtig sein, daß die entstehenden Baulichkeiten Fremde in die Stadt ziehen werden, die diese Baulichkeiten zu besichtigen wünschen; dies wird aber doch nur in den ersten Jahren* *für den Fremdenverkehr der Stadt von einer Bedeutung sein und auch von einer geringen Bedeutung sein. In späteren Jahren wird man davon nichts mehr merken, und es bleibt den Bewohnern der Stadt der tägliche Anblick dieser ungeheuren Gerüste vor ihren Türen."*

Nach und nach konkretisierten sich dann die Pläne, und als bekannt wurde, dass wegen der nötigen Auffahrthöhe auf die Brücke innerhalb des östlich gelegenen Stadtfelds ein großer Dammbau geplant sei, wurde es für die Initiatoren des Brückenbaus immer schwieriger, die Einwände von Stadtvertretung und Bürgerschaft vom Tisch zu bringen. Denn an diesen Grundstücken, die in Kanalnähe lagen, hatte sich mittlerweile ein lebhaftes Bauinteresse entwickelt. Nun befürchteten die Stadtoberen, dass durch den Dammbau die von ihnen erwartete wirtschaftliche und bauliche Aufwärtsentwicklung der Stadt gebremst werde. So war bereits geplant, hier eine Tiefbauschule und ein Lehrerseminar zu errichten. Eine Zerschneidung des Stadtfeldes durch den Damm, argumentierte die Stadtvertretung, behindere die Erweiterung der Stadt nach Osten. Nur so aber lasse sich Rendsburg aus der „Enge der alten Festungsbebauung" herausführen.

Die weitere Stadtfeldgestaltung werde außerdem, wie es weiter hieß, durch die entstehenden Kreuzungen der Bahn mit den Straßen erschwert. Übergänge in Schienenhöhe auf der Alten und der Neuen Kieler Landstraße über vier Gleise hinweg würden erhebliche Verkehrsstörungen verursachen. Schon jetzt hätten sich wiederholt größere Fuhrwerksunfälle ereignet. Deshalb, so der Vorschlag des Magistrats, müssten hier zumindest Straßenunterführun-

▲ *Der neue Eisenbahndamm überquert Straßen und Wege. Zur Durchfahrt wurden aufwändige Unterführungen aus Ziegelmauerwerk errichtet. Hier eine Gewölbebrücke mit drei Öffnungen im Bau.*

◀ *Bau der mächtigen Rampenbrücken nördlich des Kanals. Kritiker am Hochbrückenbau unter den Rendsburger Bürgern sahen angesichts der „ungeheuren Gerüste" ein „Monstrum" entstehen.*

BrB 9

gen geschaffen werden. Vor allem wehrte man sich gegen ein Heranführen der beiderseitigen Erddämme direkt an die Kanalbrücke, weil damit spätere Straßenumlegungen erschwert würden.

Der Kommentator des Wochenblatts meinte dazu: „*Betrachtet man diese gewaltigen Anlagen und die dadurch verursachten Verkehrsverschlechterungen [...], ferner die Unsicherheit der Hochbrücke in strategischer Beziehung, so kann man tatsächliche die Frage stellen [...], ob nicht eine Tunnelanlage die bessere Lösung der anerkannt schwierigen Verhältnisse bei der Kreuzung der Hauptbahn mit dem Kaiser-Wilhelm-Kanal gewesen wäre.*"

Unternehmerschaft: Brückenbau bringt nur Mehrbelastungen

Als sehr gravierend erwies sich der Einwand der Brückengegner, dass sich durch den Schleifendamm die Hauptbahnstrecke nach Neumünster um 4,8 km und die Nebenlinie nach Kiel um 5,9 km verlängern würde. Denn es sei abzusehen, dass die Streckenverlängerung eine Verteuerung der Personen- und Frachttarife mit sich bringen werde. Insbesondere die Rendsburger und Büdelsdorfer Geschäftswelt befürchtete Umsatzverluste infolge höherer Gütertarife, „*da sich Verkehr und Geschäft nach Neumünster und nach Kiel hin verlagern*" würden. Dazu das „Rendsburger Tageblatt" (wie das Wochenblatt jetzt hieß): „*Die beteiligten Kreise haben daher allen Anlaß, nach dieser Richtung hin der neuen Hochbrückenanlage mit sehr gemischten Gefühlen entgegenzusehen.*"

Zu dieser „*erheblichen Verlängerung der Linien*", so das Blatt, komme noch hinzu, „*dass auf der Schleifenbahn bei den verhältnismäßig scharfen Kurven die Züge nicht in dem Tempo wie auf freier Strecke fahren können.*" Ihre Schnelligkeit werde „*nicht viel mehr als die Hälfte der gewöhnlichen Zuggeschwindigkeit betragen [...]. Die Zeitversäumnis wird dadurch verdoppelt*".

Im Februar 1913: Der Hochbrückenbau beherrscht die Landschaft. Nördlicher Kragträger und Vorbaukran, so scheint es, recken sich in den Himmel.

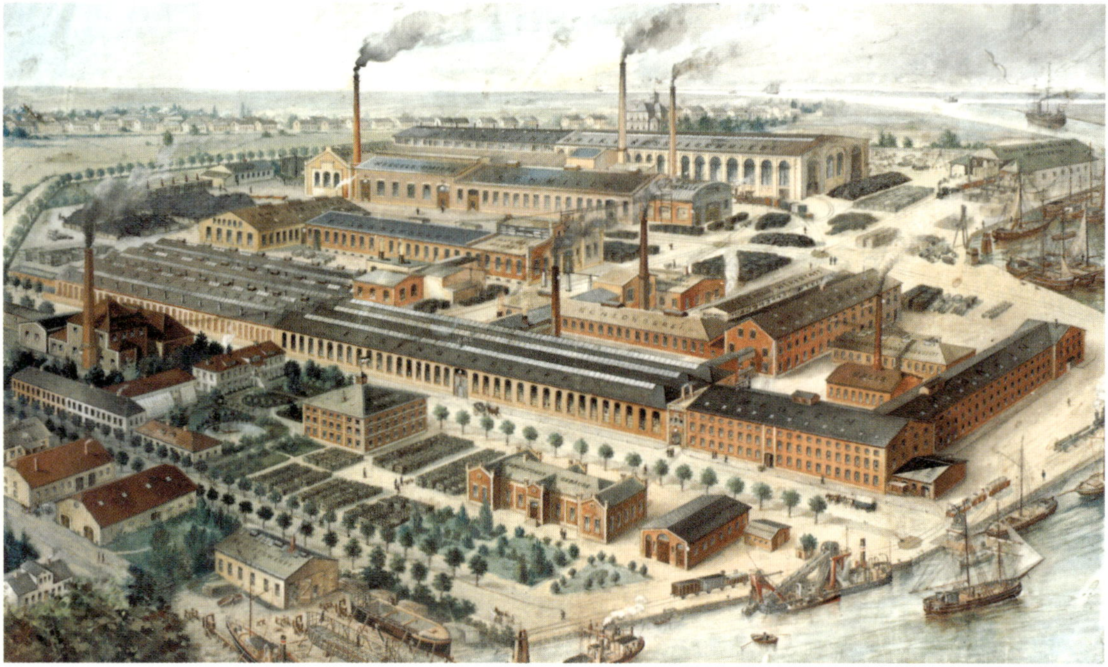

Wie aus den Akten der Stadt und aus dem umfangreichen Material des Landesarchivs in Schleswig hervorgeht, hagelte es Einsprüche über Einsprüche, wobei die Chemische Düngerfabrik, die Hollersche Carlshütte in Büdelsdorf sowie die Werft Nobiskrug, die sich für die Hauptbetroffenen hielten, im Verein mit Rendsburgs Magistrat und Stadtverordneten die Richtung vorgaben.

Die Gegenrechnung, nämlich die wirtschaftlichen Vorteile, die allein der Kanalbau bereits vor der Verbreiterung gerade den genannten Unternehmen, aber auch der Stadtkasse beschert hatte, wurde seltsamerweise damals nicht aufgemacht. Denn erst durch den Kanal waren vor allem Rendsburg und Büdelsdorf mit ihren Wirtschaftunternehmen in den Genuss eines „Seehafens im Binnenland" gelangt. Nur so hatte eine Reihe von Betrieben im Umland sich entwickeln können und überregionale Bedeutung bekommen. Erst durch den Kanalbau konnten beispielsweise die Carlshütte oder die Düngerfabrik große Mengen an Rohmaterial billig per Schiff beziehen. Nur dank des Kanals war die Carlshütte als das damals „größte Eisenwerk Norddeutschlands", das in Schleswig-Holstein letztlich zum Initiator der industriellen Revolution geworden

▲ *Die Carlshütte in Büdelsdorf in ihrer Glanzzeit nach 1900. Erst der Kaiser-Wilhelm-Kanal brachte der „Hütte" und dem Ort die wirtschaftliche Aufwärtsentwicklung.*

Nicht zufällig war es der Gründer der Carlshütte Marcus Hartwig Holler, der als erster Vorschläge für eine Kanalverbindung zwischen „Ostsee, Eider und Elbstrom" in die Diskussion brachte.

Ein Anziehungspunkt am nördlichen Kanalufer unterhalb der Hochbrücke ist das Restaurant „Brückenterassen" mit dem Begrüßungspavillon davor. ▶

Bahnunterführung Aalborgstraße in Rendsburg. ▶

war, umgekehrt in der Lage, ihre renommierten Emaillebadewannen in alle Welt zu verschiffen. Von den Vorteilen, die die Bahnverbindung den Unternehmen brachte, wurde gar nicht gesprochen. Weitsichtiger war offenbar die Kreisverwaltung. Sie hatte bereits vorgesorgt und in weiser Voraussicht eines wachsenden Umschlags die Anlagen am Kreishafen ausbauen und modernisieren lassen, insbesondere durch Vertiefung des Kanals für größere Schiffe vor der Kaianlage und durch Verbreiterung der anschließenden Kaifläche. Für Anschlussgleise an die Bahn hatte der Kreis ebenfalls gesorgt.

Alle diese Vorzüge waren mittlerweile zur Selbstverständlichkeit geworden. Nunmehr aber beklagte die Düngerfabrik den Mehraufwand, der ihr mit dem Brückenbau durch höhere Tarife entstehen würde mit der Begründung, dass sie 5.000 Waggons pro Jahr mit ihren Produkten über die Brücke nach Süden rollen lassen müsse, um dort ihre Abnehmer zu versorgen. Ihre Forderung: Das Reich müsse der Bahn die entstehenden Mehrkosten abnehmen, und wenn es sich weigert, ist dem Bau der Hochbrücke und des Schleifendamms die landespolizeiliche Genehmigung zu versagen. Ins selbe Horn stieß die Hollersche Carlshütte.

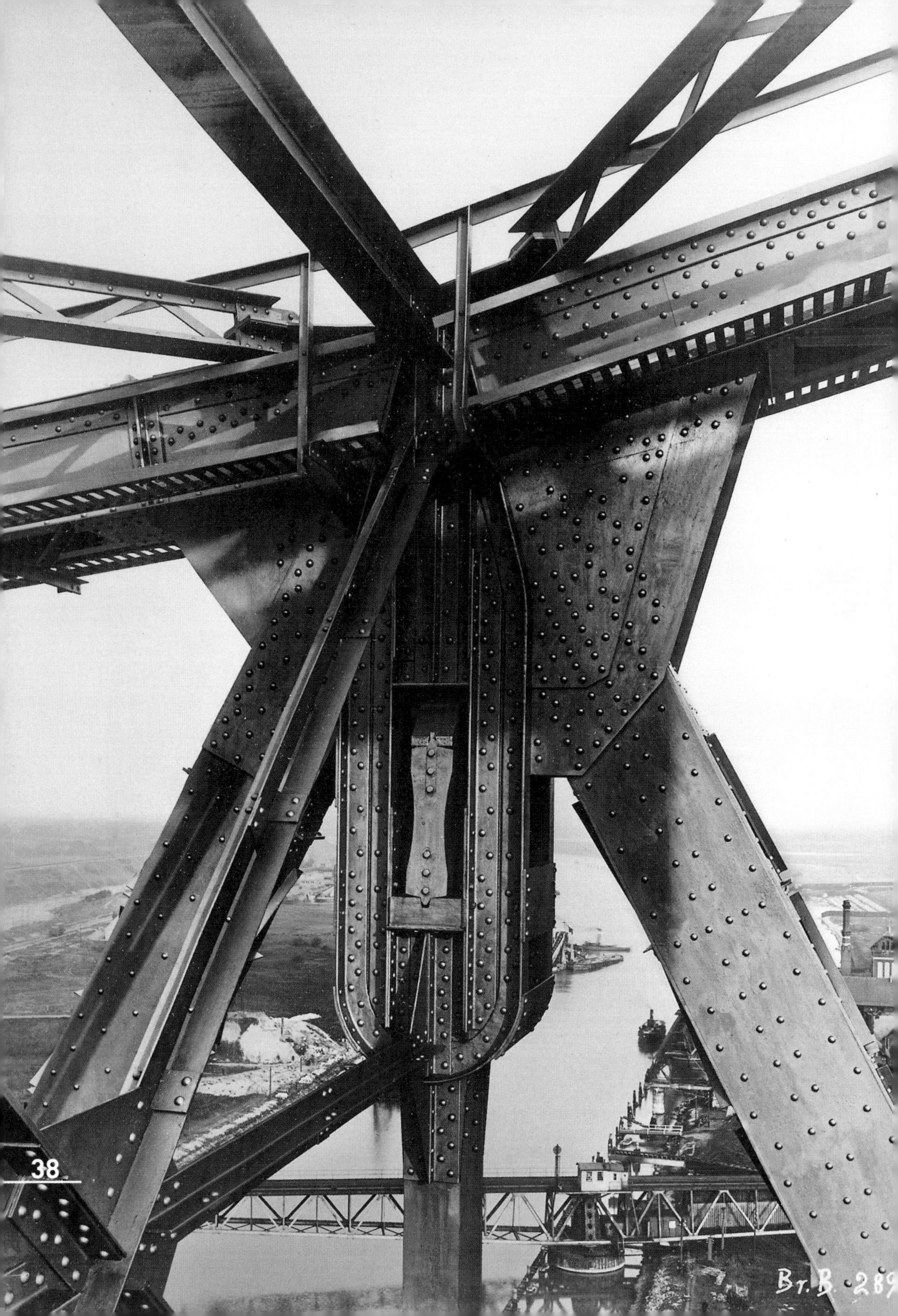
Br. B. 289

Nach und nach schlossen sich der Phalanx der Einsprucherhebenden weitere Betroffene an, so das Stahl- und Walzwerk *„Eisenhütte Holstein"*, der Rendsburger Handelsverein, Firmen des Groß- und Kleinhandels, des Dünge- und Futtermittelhandels und schließlich auch die umliegenden Gemeinden, die den Bestand von Industrie und Gewerbe gefährdet sahen. Die Kommunen beklagten außerdem den durch die Hochbrücke verlängerten Weg in die Rendsburger Schulen. Obgleich weder der Schleifen- noch der Brückenbereich damals nennenswert bebaut waren, verlangte die Polizeiverwaltung Rendsburg Schalldämpfungsmaßnahmen. Und die wenigen Anwohner dort forderten *„Schutz gegen Funkenflug und Tropfenfall"*. Auch Entschädigungsansprüche wegen *„Umwegung und Entwertung"* wurden erhoben. Eingaben gegen das Brückenprojekt kamen sogar aus den nördlich gelegenen Städten Schleswig, Husum und Flensburg von den dortigen Handelsvertretungen.

Bahn- und Kanalverwaltung sind kompromissbereit

Das Reich sowie die Kaiserliche Kanalbau- und die Eisenbahnverwaltung zeigten sich kompromissbereit. Beim geforderten Bau von Unterführungen kam man der Stadt relativ großzügig entgegen. Dies Problem wurde im Rahmen der zwischen Bahn und Stadt über den Dammbau geführten Verhandlungen geregelt. Sie brachten das Ergebnis, dass sich die Bahn bereit erklärte, den Löwenanteil der auf insgesamt rd. 1,6 Mio. Mark geschätzten Kosten für die Höherlegung des Bahnkörpers von der Obereider bis zum Bahnhof zu übernehmen. Dafür sollte die Stadt die ihr dabei – insbesondere durch den Bau von Unterführungen – erwachsenden Vorteile mit einem Zuschuss von 129.000 Mark begleichen, wozu sie schließlich auch bereit war. Zugleich erklärte die Stadt – vertreten durch Bürgermeister Christian Timm – dass man auf einen generellen Einspruch

◄ Faszination aus Stahl: Ein Stelzenlager zwischen Kragträger und Schwebeträger. Unten im Bild eine der alten Eisenbahndrehbrücken. Ihr Drehpunkt liegt auf einem Pfeiler am Südufer des Kanals.

gegen den Bau der Hochbrücke verzichten werde, wenn der Viadukt mindestens bis in Höhe der Rendsburger Strafanstalt geführt werde. Immerhin wies der Damm, da er, wie auch die Brücke, zweigleisig anzulegen war, an seiner Grundfläche eine beachtliche Breite von bis zu 100 m auf. Die Stadt behielt sich vor, gegebenenfalls auch weiterhin gegen Linienführung, Bauausführung und Tariferhöhung Einspruch zu erheben.

Regionalbahn auf der Fahrt zum Rendsburger Bahnhof, der vor dem Bau der Hochbrücke ebenso wie die Gleise hier am Obereiderhafen hochgelegt wurde.

Auch hier lenkten Bahn- und Kanalbauverwaltung ein. Sie waren bereit, auf größerer Länge als zunächst beabsichtigt statt des Dammes einen Viadukt in Stahlbauweise zu errichten und zwar, wie gewünscht, bis hin zum Strafanstaltsgelände. Ihre Bedingung: Die Stadt solle gegen die „Generalidee der Schleife künftig keine Einwendungen mehr erheben". Damit war nun nicht nur der Wunsch der Stadt nach weitgehender Durchlässigkeit des Verkehrs hin zum Stadtfeld berücksichtigt. Diese Kompromisslösung kam auch der Ästhetik des ganzen Projekts sehr zugute: Eine filigrane Stahlkonstruktion ersetzte einen großen Teil des Erddammes, und sie wurde noch aufgewertet durch das geplante, architektonisch besonders ansprechend wirkende Schleifenbauwerk. Die Besorgnis von Stadt und Bürgerschaft, der Schleifendamm zerschneide das Stadtfeld und behindere die Ausdehnungsmöglichkeiten in die Schleife hinein, war nach dem zähen Abwägen des Für und Wider nun weitgehend beseitigt.

Streit um höhere Bahntarife

Noch keineswegs geklärt aber war die Frage, ob und wie die Verlängerung der Bahnstrecken durch die Schleife und das Verlegen der Bahnlinien mit der Folge höherer Fracht- und Personentarife angerechnet werden sollten.

Die Lösung dieses Problems zog sich über Jahre hin. Bereits 1906, als erste Pläne über neue Kanalquerungen der Bahn auftauchten, hatten der Rendsburger Magistrat und die Städte Schleswig, Flensburg und Husum deutlich gemacht, dass sie nicht bereit seien, eventuelle Nachteile durch einen Brückenbau hinzunehmen. In Eingaben forderten sie die Bahnverwaltung auf, im Falle von Streckenverlängerungen von einem Entfernungszuschlag abzusehen. Am 15. April 1910 beschloss dann der Magistrat der Stadt Rendsburg, Einspruch gegen nunmehr wohl zu erwartende Tariferhöhungen zu erheben. Wenn die Bahn darauf nicht verzichte, müsse die Kanalverwaltung die Kosten übernehmen, denn schließlich werde die Hochbrücke „nur ganz allein im Interesse der Kanal- beziehungsweise Eisenbahnverwaltung gebaut". Aufgrund der Einsprüche von öffentlicher und privater Seite wurde zwar im Juni desselben Jahres über Wegeverlegungen und Grundstücksbeeinträchtigungen (u.a. durch Funkenflug) verhandelt; es kam aber nicht zu einer Einigung in der Tariffrage.

Die definitive Entscheidung über die Eisenbahntarife fiel erst am 27. November 1912: Auf die Eingaben des Rendsburger Magistrats und verschiedener Handels- und Gewerbetreibender erteilte der Minister für öffentliche Arbeiten den Bescheid, dass nach Fertigstellung der Hochbrücke im Personen-, Gepäck-, Güter- und Tierverkehr *„mit sämtlichen südlich des Kanalübergangs in der Richtung Kiel und Neumünster und darüber hinaus belegenen Stationen die bestehenden Entfernungen für Rendsburg und die übrigen bis 25 km nördlich der neuen Brücke belegenen Stationen einschließlich Schleswig Altstadt nur um 1 km erhöht werden"*.

Mit zunehmender Entfernung sollten nach dieser Regelung staffelförmig mehr Kilometer angerechnet werden, so bei 100 km Entfernung 4,5 km und bei 125 km 6 km. Erst im Durchgangsverkehr über die damals noch südlich von Kolding verlaufende dänische Grenze hinaus sei die wirkliche

Mehrentfernung voll zu berücksichtigen. 1913 gab es noch eine Änderung in der Staffelung. Doch für Rendsburg blieb es bei der tariflichen Anrechnung von nur einem Kilometer, eine Entscheidung, die von Wirtschaft und Bevölkerung der Stadt und den umliegenden Gemeinden *„mit Freuden begrüßt wurde"*, wie die Zeitung berichtet.

Montage der nördlichen Rampenbrücke mit dem Schleifenbauwerk. Der Kran auf dem Pylon beginnt mit dem freien Vorbau der Brücke über den Kanal. ▶

Das bereits vor der Hochbrücke 1910 erbaute Stellwerk am Rendsburger Bahnhof achten Denkmalschützer als gelungenes Bauwerk der „Heimatschutzarchitektur". Eisenbahner haben es als Museum eingerichtet, in dem sie seine ursprüngliche Funktion demonstrieren. ▼

Rendsburg bekommt einen „Hochbahnhof"

Zu den besonders aufwändigen Maßnahmen, die notwendig waren, um auf der kurzen Entfernung vom Rendsburger Hauptbahnhof bis zur Hochbrücke auf die erforderliche Höhe zu kommen, gehörte außer dem Bau des Schleifendamms die Hochlegung des gesamten Bahnhofsgeländes und der Gleisanlagen. Mit den dazu erforderlichen umfangreichen Erdarbeiten wurde im Oktober 1910 begonnen; sie dauerten über drei Jahre. Mit dieser Maßnahme war eine einschneidende Veränderung des Stadtbildes verbunden. Dagegen hatte es Einwände oder Kritik seitens der Bürgerschaft kaum gegeben. Diese Baumaßnahmen wurden durchweg als eine Bereicherung für die Stadt, besonders für das Gesicht der Stadt im Bereich der Obereider, empfunden.

Aus dem Hochlegen der Gleise durch Aufschütten des Bahndammes ergaben sich naheliegend Konsequenzen. Dazu gehörte der Bau einiger Straßenunterführungen. Und auf dem engeren Bahnhofsgelände war die Anlage eines ziemlich tief zu legenden Tunnels notwendig mit Aufsteigetreppen als Zugang vom Empfangsgebäude des Bahnhofs zu den Bahnsteigen. Ein Um- und Erweiterungsbau des alten Empfangsgebäudes für den neu angelegten „Hochbahnhof"

wurde ebenfalls in Aussicht genommen. *„Wegen der hohen Lage des Bahnhofes und dem rauhen Klima Rendsburgs ist jedoch eine größere geschlossene Halle nicht zu entbehren"*, forderte das Tageblatt. Wegen der bereit zu haltenden größeren Zahl an Lokomotiven waren ferner die Erweiterung des Lokomotivschuppens und der Unterkunftsräume für das Personal nötig. Um den wachsenden Güterverkehr zu bewältigen, mussten auf dem von der Eisenbahndirektion Altona neu erworbenen, östlich gelegenen Gelände der Königskoppel Güterschuppen und Ladegleise gebaut werden.

Gegen Ende des Jahres 1911 begannen die Arbeiten zur Aufschüttung der Erdrampen nördlich und südlich des Kanals einschließlich des Baues der acht Unterführungen in

Auf dem Südpylon arbeitet eine der 14 Nietkolonnen in fast 70 m Höhe über dem Kanalwasserspiegel.

Statisches System der Kanalbrücke: Gerberträger aus genietetem Stahlfachwerk mit gelenkig eingehängtem Schwebeträger.

den Dämmen. Endlose Reihen von Zügen fuhren Sand- und Erdmassen aus den Entnahmestellen heran. Erdbewegungen von über fünf Millionen Kubikmetern Boden bedeuteten ein bei der damaligen Geräteausstattung gewaltiges Vorhaben. Es traf sich gut, dass in die Dämme auch ein großer Teil der Erdmengen eingebracht werden konnte, die bei der Kanalverbreiterung anfielen.

Rendsburg im Zeichen der „Eisenbauten"

„Im Zeichen der Eisenbauten steht jetzt unsere Stadt. Die Eisenkonstruktionen des Hochbrückenbaues nehmen einen immer gewaltigeren Umfang an, immer größer wird die Zahl der hochragenden Pfeiler, die den wichtigsten Schienenweg der Provinz tragen sollen. Die umfangreichen Eisenbauten gehen schnell vonstatten, ein Zeichen davon, was deutsche Technik zu leisten vermag." Das war nach dem Bericht der Rendsburger Zeitung der Stand Anfang Januar 1913.

Mit der Errichtung dieser „Eisenbauten" – tatsächlich handelt es sich bekanntlich um eine Stahlkonstruktion – entstand eines der bedeutendsten Technikdenkmäler in Deutschland. Das 19. Jahrhundert hatte mit der industriellen Revolution und der Ausbreitung des Eisenbahnverkehrs entscheidende Anstöße gegeben zur Entwicklung neuer Konstruktionen mit verbesserten Materialien auch im Brückenbau. Holz oder Stein als Baumaterial wichen zunehmend dem nunmehr in großen Mengen und preisgünstig herzustellenden Metall. Und es waren Ingenieure, die unter diesen Voraussetzungen die neuen, an der Aufgabe und am Leistungsvermögen des Materials orientierten Lösungen fanden.

Einer von ihnen war Heinrich Gottfried Gerber (1832–1912). Er machte sich das schon in den USA angewandte Prinzip der Auslegerbrücke zu eigen: Sogenannte Ausleger oder Kragträger ragen auf beiden Seiten, auf Stützpfeilern gelagert, über die Hauptöffnung/Standfläche (eines Flusses/Tales) hinaus. Zwischen den so beidseitig auskragenden Brückenhälften – Sprungtürmen im Schwimmbad vergleichbar – wird dann nach dem von Gerber entwickelten Konstruktionsprinzip ein Zwischenstück gelenkig eingehängt, Einhängeträger oder Schwebeträger genannt. Dadurch wird Spannweite gewonnen, man braucht geringere Bauteillängen als bei einer starr durchlaufenden Brücke. Entsprechend lagen sich auch beim Bau der Rendsburger Eisenbahnhochbrücke, wie die Fotos aus der Bauzeit zeigen, jeweils zwei Ausleger gegenüber. Sie wurden dann durch Zwischenstücke verbunden, die die eigentliche, den Kanal überspannende Brücke bilden.

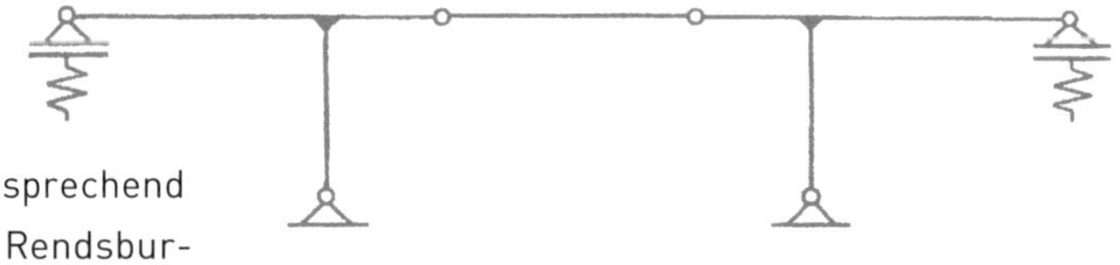

Gerber ließ sich 1866 seine Konstruktion als *Balkenträger mit frei schwebenden Stützpunkten* patentieren. Den Durchbruch in Europa schaffte die Auslegerbauweise nach Gerber mit dem Bau der berühmten Firth-of-Forth-Eisenbahnbrücke in Schottland, die nach der Fertigstel-

lung 1889 mit einer Rekordlänge von 521 Metern die am weitesten gespannte Brücke der Welt war und wegen der starken dynamischen Belastbarkeit durch immer schwerer und schneller werdende Dampflokomotiven gegenüber der verbreiteten Hängebrücke große Vorteile aufwies. Gerbers Patent wurde unter dem Namen „Gerberträger“ weltweit bekannt und machte den Erfinder zu einem der führenden Eisenbauingenieure.

In Deutschland war es die Eisenbahnhochbrücke in Rendsburg, bei der der Brückeningenieur Friedrich Voss sich die Vorzüge dieses Konstruktionstyps in Form einer Stahlauslegerbrücke zu Nutze machte und die bis heute größte Brücke dieses Typs schuf. Fast zur gleichen Zeit entstand im englischen Middlesbrough, ebenfalls nach diesen Konstruktionsprinzipien, die *Transporter Bridge*, aber – anders als bei der Rendsburger Hochbrücke – nur für das Anhängen einer Schwebefähre errichtet. Sie ist heute noch in Betrieb und gilt als die größte Schwebefähre der Welt. Auch beim Bau der Brücke über den Nord-Ostsee-Kanal bei Hochdonn (1913–1920) hat Voss dieses Konstruktionsprinzip konsequent angewendet.

In den ersten Jahrzehnten des 20. Jahrhunderts neigte sich die Zeit der Auslegerbrücken dem Ende zu, nachdem mit dem Stahlbeton ein besser geeignetes und vor allem billigeres Verbundmaterial erfunden worden war.

Die Fahrbahn auf der nördlichen Rampenbrücke wird vernietet.

Im April 1913 wurde dieser Teil der Rampenbrücke zwischen dem Schleifenbauwerk und Pfeiler 29 aufgestellt.

Eisenbahnhochbrücke Hochdonn.

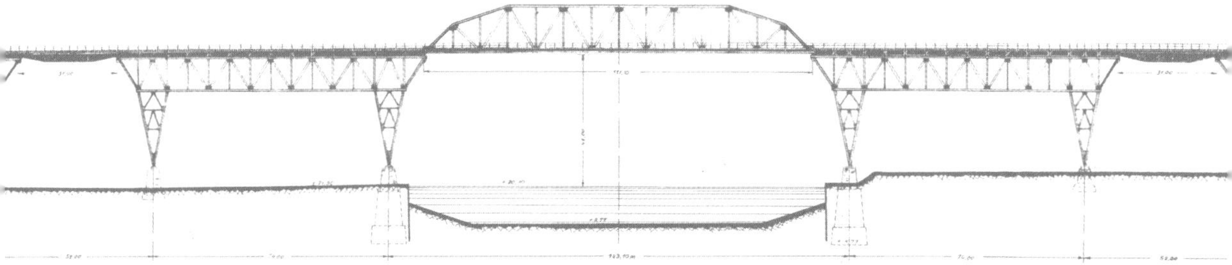

Über Rampen und Viadukte auf die Kanalbrücke

Am Beginn des Eisenbahnhochbrückenprojekts in Rendsburg stand der Bau langer Rampen – zunächst als Erddamm, in Fortsetzung dann als Stahl-Viadukt-Konstruktion – zu beiden Seiten des Kaiser-Wilhelm-Kanals, um die Bahngleise auf die Brückenhöhe von 42 m über dem Kanalwasserspiegel zu heben. Dabei durfte, wie dargelegt, zur Überwindung der Steigung auf 150 m Strecke ein Meter

Höhengewinn nicht überschritten werden, damit die Lokomotiven die Steigung noch mit *„angemessener Geschwindigkeit und normalem Zuggewicht"* nehmen konnten.

Nördlich des Kanals war das, wie geschildert, wegen der Nähe des Rendsburger Bahnhofs nur auf dem Umweg über eine elliptische Schleife möglich. Dies bedeutet, dass die Bahn zweimal denselben Punkt in unterschiedlicher Höhe passiert oder, anders ausgedrückt, sich an einer Stelle, am Schleifenpunkt, überschneidet. Am unteren Schnittpunkt der nördlichen Viaduktstrecke, wo das durchlaufende Hauptgleis überbrückt wird, war ein besonderes Bauwerk mit breiterer Öffnung, also größerer Stützweite, erforderlich, damit auch Nebengleise noch Platz fanden, nämlich das Schleifenbauwerk. Diese Besonderheit der Überschneidung zweier Strecken an ein und demselben Punkt dürfte zu dem anfangs gern gebrauchten Vergleich mit „Szeneriebahnen" geführt haben, wie sie um 1900 auf Schützenfesten, auf Jahrmärkten oder in Vergnügungsparks anzutreffen waren.

Das Schleifenbauwerk zur Gleisunterquerung ist ein sogenannter Zweigelenkrahmen, ebenfalls aus genietetem Stahlfachwerk. Sein Fahrbahnsystem besteht aus genieteten vollwandigen Längs- und Querträgern, Endquerverbänden und einem Fahrbahnverband. Die Kräfte aus den Verkehrslasten werden über die Querträger in das Haupttragwerk eingeleitet. Das Haupttragwerk bilden zwei um 6:1 geneigte Fachwerkrahmen, die durch Endquerrahmen, Querrahmen und Windverbände in Höhe der Obergurte bzw. Untergurte stabilisiert sind. Die Stützweite des Hauptträgers beträgt 74,85 m.

Südlich des Kanals wurde die Bahnlinie bereits ab 5,5 km beginnend im großen Bogen um Osterrönfeld herum verlegt, um dann auf die Kanalbrücke zu treffen. Dazu waren Dammaufschüttungen letztlich bis zu einer Höhe von 14 m nötig. Entsprechendes gilt für die Kieler Linie, die ebenfalls verlängert werden musste. Sie begann nunmehr, von der alten Bahnlinie abzweigend, beim Bahnhof Schülldorf mit einem Knick nach Süden und vereinigte sich mit der Hauptstrecke auf dem neuen Osterrönfelder Bahnhof. Sie nahm auch die Gewerbebahn der Audorfer Land- und Industriegesellschaft auf, die heute nicht mehr betrieben wird. Die mit der neuen Gleisführung notwendig gewordene Streckenumlegung sowie der Neubau des Bahnhofs

◄ *Wettererprobte Monteure bei der Arbeit in luftiger Höhe über dem Kanal. Im Januar 1913 waren etwa 350 Mann mit der Brückenmontage beschäftigt.*

Schleifenbauwerk:
▼ *Querschnitt Überbau.*

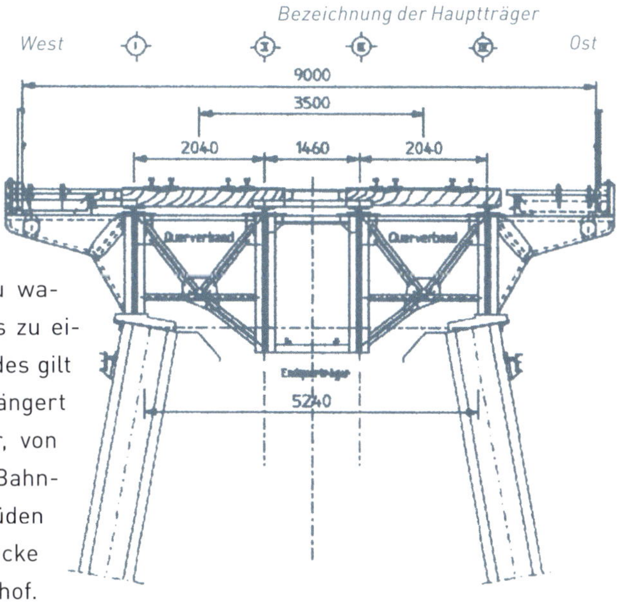

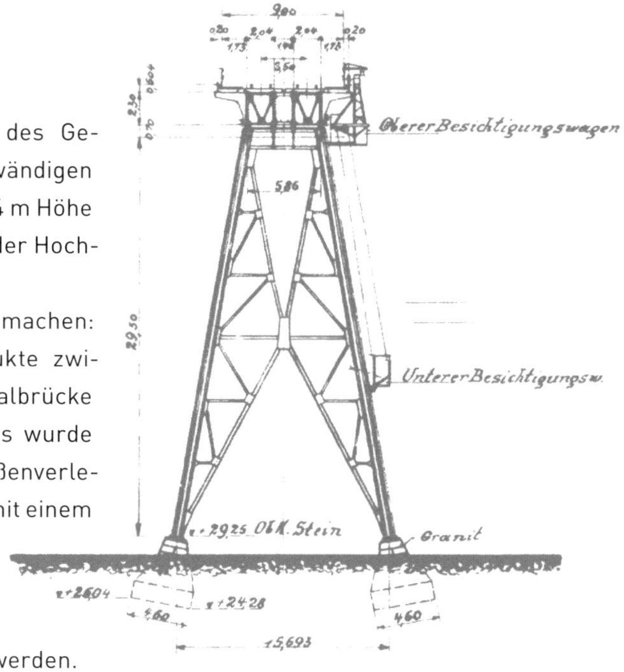

▲ *Querschnitt eines Rampenpfeilers.*

Querschnitt eines Pylons mit Schwebefähre. ▶

Osterrönfeld gehörten im Rahmen des Gesamtprojekts zu den besonders aufwändigen Maßnahmen. Der Bahnhof bekam in 14 m Höhe auf dem Dammgelände am Südende der Hochbrücke seinen neuen Platz.

Um es noch einmal deutlich zu machen: Der Bau der Rampenbrücken/Viadukte zwischen den Erddämmen und der Kanalbrücke ist aus drei Gründen erfolgt. Erstens wurde so auf eventuell notwendige Straßenverlegungen Rücksicht genommen und damit einem Wunsch der Stadt entsprochen. Zum anderen sollten ästhetische Gesichtspunkte, auf die Friedrich Voss großen Wert legte, beachtet werden. Den Ausschlag aber gaben wirtschaftliche Gründe: Metallkonstruktionen waren billiger zu erstellen als die hohen und an der Sohle bis zu 100 m breiten Dammschüttungen, zumal, wenn die Kosten für den Grunderwerb und für die kostspieligen Straßenunterführungen einbezogen wurden.

Getragen werden die Rampenbrücken mit Gesamtgewicht von ca. 13.900 t Stahl, die *„von den Rheinisch Westfälischen Hüttenwerken den besonderen Bedingungen des Kaiserlichen Brückenbauamtes entsprechend in erstklassiger Beschaffenheit geliefert"* wurden, auf der Länge von 1.272 m nördlich und 920 m südlich des Kanals von insgesamt 51 rechteckigen Gerüstpfeilern. Sie messen, dem Gefälle des Bahngleises entsprechend, zwischen 19,50 m und 33,50 m Höhe.

Wegen der unterschiedlichen Höhe, der Stützweite der auflagernden Überbauten sowie der Anordnung der längsfesten Lager und der Lage der Pfeiler in der Geraden oder in der Kurve sind insgesamt 15 verschiedene Stützpfeilertypen zu unterscheiden. Sie bestehen aus räumlichen Fachwerkkonstruktionen und bilden eine Aneinanderreihung von insgesamt 105 nebeneinander liegenden Einfeldträgerbrücken. Die Stützweite der zwischen den Pfeilern liegenden Brücken beträgt 28,50 m mit Ausnahme von dreien, die 26,40 m überspannen.

Die vier Füße/Eckstiele der 51 Stützpfeiler stehen jeweils auf eigenen Betonfundamenten. Sie sind in offenen Baugruben und dort, wo bis zur festen Sandschicht eine mehrere Meter dicke Moorschicht durchdrungen werden musste, zwischen Spundwänden eingebracht worden. Die direkt am Kanal platzierten Hauptpfeiler (Pylone) gründen tiefer, und zwar vier Meter unter der Kanalsohle beziehungsweise 15 m unter dem Wasserspiegel. Vorsorglich wurden schon spätere Kanalvertiefungen eingeplant. Alle Pfeiler sind aus Gründen der Standsicherheit – auch gegen starke Winde – in Querrichtung gewissermaßen breitbeinig in einer Neigung von 1:6 gespreizt. Die aus dem Boden herausragenden Fundamentteile der Pfeiler bestehen aus Gründen der Haltbarkeit und des besseren Aussehens aus Granit mit darunterliegendem Betonkörper. Im April 1914, nach Inbetriebnahme der Hochbrücke und wenige Monate vor Ausbruch des Ersten Weltkriegs, wurden alle Pfeiler der Gesamtanlage mit 2,50 m hohen Gittern umzäunt, um Unbefugten das Herankommen zu erschweren.

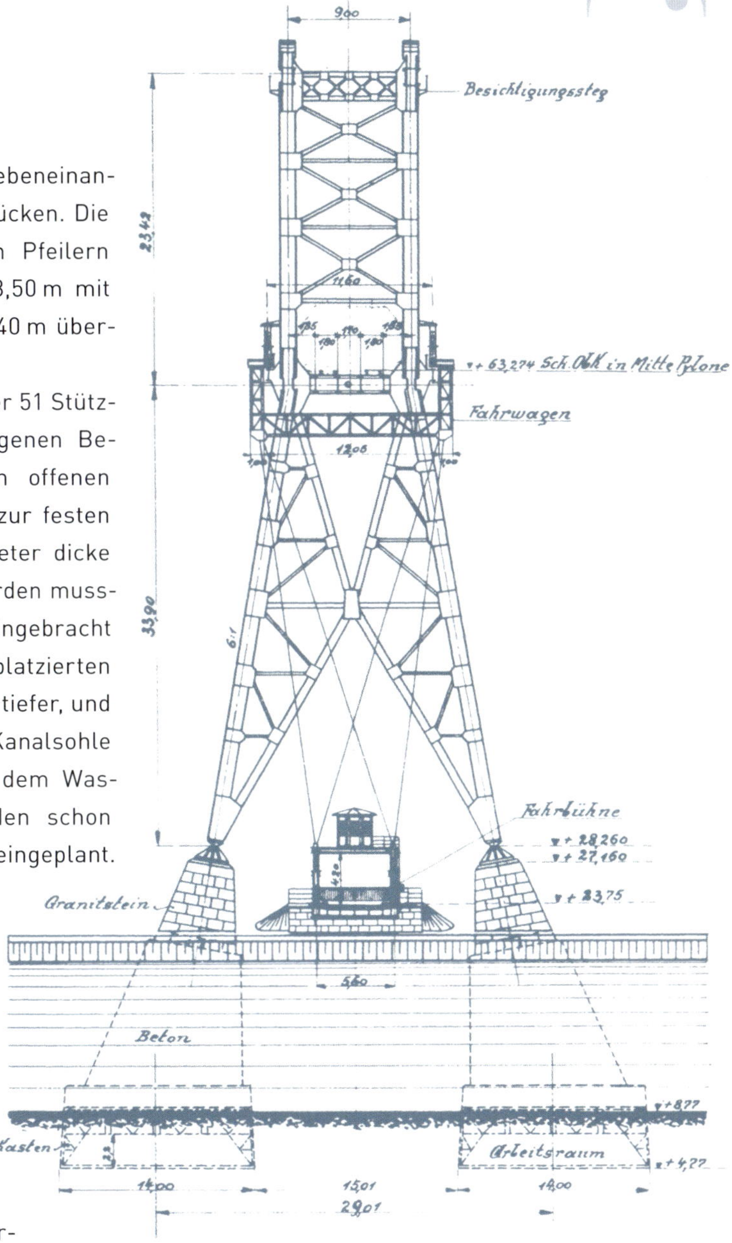

Auf jeder Kanalseite mussten in den Erddämmen jeweils vier aufwändige Wegeunterführungen aus Ziegelmauerwerk gebaut werden. Die beiden kleinsten Unterführungen zeigen nur eine Öffnung. Die sechs übrigen, alle von gleicher Bauart, weisen drei Öffnungen auf, von denen die mittlere eine Straße aufnimmt. Die Widerlager an beiden Enden der Dämme bestehen aus massiven Betonkörpern und dienen als Auflager für das jeweils erste lange Überbaupaar der Rampenbrücke.

Von einem Beobachtungsstandpunkt unter den Stützen der Viadukte ist der Blick auf die nicht enden wollende Reihe gespreizter eiserner „Beine" immer wieder beeindruckend. Ein nach der Bauzeit von diesem Anblick begeisterter Reporter der Rendsburger Zeitung: *„Wer die Poesie der Technik noch nicht empfunden hat, hier wird er von ihr gepackt."*

▲ *In beiden Übergangspfeilern lässt sich die Hochbrücke über Wendeltreppen besteigen. Doch nur die südliche mit ihren 179 Stufen ist frei für den Publikumsverkehr.*

◀ *Die südliche Rampenbrücke. Zitat der Rendsburger Zeitung 1913 angesichts der scheinbar nicht endenden Reihe „gespreizter Beine": „Wer die Poesie der Technik noch nicht empfunden hat, hier wird er von ihr gepackt".*

Die Brückenmontage: Rendsburg bekommt sein Wahrzeichen

Die in der kurzen Zeit von zwei Jahren erbaute, zwischen Dämmen und Viadukten das Fahrwasser überspannende eigentliche Kanalbrücke ist mit einer Gesamthöhe von 66,70 m an den Hauptpfeilern das aus allen Himmelsrichtungen schon von fern lockende Wahrzeichen der Stadt Rendsburg. Umgekehrt bietet sie dem Beobachter, der die Brücke auf der Südseite über die 179 Stufen der Wendeltreppe bis zur Aussichtsplattform erklommen hat, aus luftiger Höhe ein Panorama der weiten mittelholsteinischen Landschaft und des Kanals mit den ihn passierenden Schiffen, wie er es so nirgends genießen kann.

Kernstück der Kanalbrücke, die ein Gewicht von annähernd 3.800 t Stahl und mit den Übergangspfeilern eine Gesamtlänge von 317,60 m aufweist, ist das Haupttragwerk

mit, so in der Fachsprache, „geradem Untergurt und gekrümmtem Obergurt". Sie hat drei Öffnungen: die Mittelöffnung über dem 120 m breiten Kanal von 140 m Stützweite und zwei Seitenöffnungen von je 77,30 m, bei der Errichtung gedacht insbesondere zur Durchfahrt auch für den Straßenverkehr. Die Stützweite des Schwebeträgers beträgt 87,60 m. Die Mittelöffnung mit 42 m lichter Höhe über dem Wasserspiegel wurde auch um den Verkehrsfluss auf dem Kanal nicht zu stören mit Hilfe von Vorbaukränen freitragend von jeder Seite Stück für Stück soweit vormontiert, bis beide Teile zusammenstießen und geschlossen werden konnten. Das war in jedem Stadium ein imposantes Bild.

Diese bei der Rendsburger Kanalbrücke damals ziemlich neue und spektakuläre Montagemethode lockte täglich viele Zuschauer und Bewunderer der *„großartigen vaterländischen Technik"* (Zeitungszitat) an. Dabei galt der Respekt vor allem den in den Gerüsten herumturnenden Monteuren. Denn die an Klettergewandtheit und Schwindelfreiheit der Einbaukolonnen gestellten Anforderungen waren sehr groß. Zumal keine Leitern verwendet wurden, dafür nutze man die Vergitterung der Diagonalen.

Das Haupttragwerk der Kanalbrücke sind zwei Stahlfachwerkpylone, zwischen denen der Mittelteil der Brücke, wie oben dargestellt, gelenkig eingehängt ist. Auf den land-

seitig sich anschließenden Übergangspfeilern ist der obere Teil ausbetoniert, so dass ein Gewicht (ca. 200 t) entsteht, das als Ballast für die Pylone dient. Diese münden am Fußpunkt in zwei Kalottenlagern. Der Obergurt des Schwebeträgers ist über Stelzenlager mit dem Kragarm längsverschieblich verbunden. Durch horizontale und vertikale Aussteifungsverbände ist die Brücke gegen starken Winddruck stabilisiert. Die Schienenträger der Schwebefähre sind auf den Querträger-Kragarmen der Mittelöffnung befestigt.

Über die Brücke laufen zwei durchgehend geschweißte Eisenbahngleise in einem Abstand von 3,50 m. Eine mit dem Obergurt der Hauptträger verschweißte Zentrierleiste trägt die Brückenbalken aus Eichenholz und die darauf liegenden Gleise. Die Anfahr- und Bremslasten aus dem Bahnbetrieb werden über die Pylone in die Fundamente abgeleitet. Denn die Züge verursachen beim Befahren der Brücke naheliegend erheblichen Druck und starke Vibrationen, zumal ihr Gewicht mit Größe und Länge ständig zugenommen hat. Beim Bremsen und Anfahren der Lasten-

▲ *Um die Schiffbarkeit nicht zu behindern, wurde für die Überbrückung des Kaiser-Wilhelm-Kanals eine schwierige Montageart gewählt. Sie erfolgte freitragend, also ohne Rüstung, im sogenannten Freivorbau. Hier ein Blick auf die nördliche Hälfte der Mittelöffnung.*

◄ *„Klettermaxe" gefragt: Schwindelfreiheit war für alle Arbeiten oben auf der Brücke unerlässlich.*

◄ *Besichtigungswagen, seitlich an den Rampenbrücken zum Hochziehen und Herunterlassen angebracht, dienen zur Kontrolle des Bauwerks und seines Anstrichs.*

züge entstehen Längskräfte, die die Übergangspfeiler abfangen müssen. Allein der Druck der gewaltigen Stahlmassen der Brücke selbst auf jedes Fundament eines Pylons entspricht dem Gewicht von 180 beladenen Eisenbahnwaggons zu je 10 t. Hinzu kommt noch die oft über 100 t reichende Gesamtverkehrslast der angehängten Schwebefähre, die größer ist als das Gewicht einer Lokomotive.

▲ *Hier werden beim Bau des südlichen Kanalbrückenteils aus einer Schute Einzelteile Stück für Stück hochgezogen.*

Bald ist sie geschlossen, die von beiden Seiten im Freivorbau errichtete Brücke. ▶

Außerdem sind Temperaturschwankungen auszugleichen. Bei Sonneneinstrahlung und einem Temperaturanstieg auf 60° Celsius, der im Sommer auf dem Material schnell erreicht ist, können sich Hochbrücke und Viadukte in ihrer Gesamtlänge um immerhin ca. 1,80 m ausdehnen. Über die längsbewegliche Lagerung der einzelnen Überbauten wird diese Ausdehnung aufgenommen.

Wie schon deutlich wurde, spielte neben der handelspolitischen die militärische Bedeutung der Brücke einst eine wesentliche Rolle. Zur Fahrbahnebene heißt es daher im Konstruktionsentwurf von Brückenbaumeister Friedrich Voss vom 18. Januar 1911: *„Die westliche Hälfte wird auf Anforderung der Militärverwaltung zum Übergang von Truppen aller Art mit Ausnahme von Armeelastzügen im Kriegsfall hergerichtet."* Für den Ernstfall lagerten auf der Brücke Eisenplatten, mit denen die Gleisebene jederzeit in eine Straße verwandelt werden konnte.

Beim Brückenbau wurden alle Teile schon im Herstellerwerk miteinander vernietet, soweit es der Transport der Teile zuließ. Insgesamt waren 3,2 Mio. *„aus bestem Siemens-Martin-Eisen hergestellte"* Niete(n) erforderlich. (Fachsprachlich heißt es im Singular der Niet und im Plural die Niete). Die Nietung erfolgte mit Pressluft, wobei alle Löcher zwei Millimeter kleiner als vorgeschrieben gebohrt und erst beim Zusammenbau auf den endgültigen Durchmesser „aufgerieben" wurden. Im Zuge der Instandhaltung werden heute Niete meist durch Passschrauben ersetzt.

Zur laufenden Kontrolle des Bauwerks, insbesondere der Niete, sowie zur Überprüfung des Anstrichs für eine Fläche von rd. 237.000 m² dienen vier dieselelektrisch betriebene Brückenbesichtigungswagen, die auf beiden Rampenseiten an den Hauptträgeruntergurten unabhängig voneinander auf Schienen gefahren werden können. Außerdem sind unter der Kanalbrücke drei handbetriebene Brückenuntersuchungswagen – einer in der Mitte, der zweite und dritte jeweils im Seitenfeld – angebracht, mit deren Hilfe die Kanalbrückenunterseite und die Gesimsbereiche kontrolliert werden. Ferner verlaufen unter den Gleisen in ge-

samter Brückenlänge drei Kontrollstege mit Durchstiegen zueinander sowie nach oben in die Gleisebene. Von hier aus wird die Riesenanlage ebenfalls regelmäßig unter die Lupe genommen.

Wer die Gelegenheit hat, ins Brückenbauwerk aufzusteigen und es auf den Spuren der Brückenkontrolleure über Stege und Durchstiege unter Anleitung von Fachleuten in Augenschein zu nehmen – Schwindelfreiheit vorausgesetzt –, der wird sich der Faszination dieser großartigen Konstruktion im Ganzen wie in ihren Einzelteilen nicht entziehen können. Und unter einem der Pylone stehend wird er sich am besten von ihrer Wucht und Größe überzeugen können.

Im Zweiten Weltkrieg war die Hochbrücke mit Soldaten besetzt, die sie mit Flakgeschützen gegen Angriffe feindlicher Flugzeuge zu verteidigen hatten. Über die unten liegenden Kontrollstege konnten die Besatzungen von ihren Unterkünften an der Spitzkehre des Zugangs zum südlichen Widerlager unter den Bahngleisen geschützt und unerkannt zur Flakstellung auf dem Südpylon oder zum Flakscheinwerfer auf dem Nordpylon gelangen. Die Stege unter der Brücke heißen daher auch „Soldatengänge".

Am 1. Oktober 1913: Der erste Zug rollt planmäßig über die Brücke

Ende August 1913 war abzusehen, dass sich die Arbeiten an den Hochbrückenanlagen dem Ende zuneigten. Wie die Tageszeitung berichtet, waren überall Abschlussarbeiten zu beobachten. So beim Hochlegen des Bahnhofsgeländes und bei den Bauten am Bahnhof. Die breiten Eisenbahndämme wurden schon mit Gras besät. Auch die Unterführungen in der Bahnhofstraße und der Kieler Landstraße waren fertiggestellt. Auf dem Baugelände fing es zu grünen an.

Um den 20. September erfolgten die ersten Probebelastungen der Hochbrücke. Acht schwere Lokomotiven schoben sich langsam Meter für Meter über das Bauwerk. Messinstrumente zeichneten die Schwingungen auf. Die Anspannung der Männer an den Geräten legte sich: Die Brücke hielt allen Belastungen stand. Schließlich war bei der statischen Berechnung für Kanalbrücke, Schleifenbauwerk und Pfeiler eine Sicherheitsreserve von 20 % über die 1913 geltenden Vorschriften hinaus einbezogen worden.

Am 27. September erfolgte die landespolizeiliche Abnahme der Brücke. Hohe Delegationen waren angereist: In einem Extrazug mit zwei Salonwagen nahmen 25 Herren des Ministeriums für Öffentliche Arbeiten, der Königlichen Eisenbahndirektion Altona, der Betriebsinspektion Flensburg sowie der Königlichen Eisenbahnbauabteilung und des Kaiserlichen Kanalbauamtes Rendsburg Platz, um mit den Erläuterungen von Brückenbaumeister Friedrich Voss in langsamer Fahrt vom Bahnhof Osterrönfeld aus Hochbrücke, Viadukt- und Rampenstrecken zu testen. Die Unbedenklichkeits-Urkunde konnte unterschrieben werden. Vier Tage später, am 1. Oktober, rollten die ersten Züge planmäßig über die Hochbrücke.

Auf der Kanalbrücke werden die schweren Eichenholzschwellen verlegt.

Drei Stege unter der Brücke mit Durchstieg nach oben dienen als Kontrollgänge zur Brückeninspektion.

Sie heißen auch „Soldatengänge", denn sie bildeten für die Brückenbewacher die Verbindung zwischen den Dammköpfen (im 1. Weltkrieg) sowie zur Flakstellung auf dem Südpylon (im 2. Weltkrieg) und schützten vor Fliegerbeschuss.

*Die Gleise sind gelegt.
Ein Arbeitszug ist zur Probefahrt über die Kanalbrücke gerollt.*

Nach Angaben von Brückenkonstrukteur Friedrich Voss beliefen sich die Gesamtkosten für das Bauwerk und die Eisenbahnverlegung einschließlich Grunderwerb auf 13,4 Mio. Mark, eine beträchtliche Summe, die aber öffentlich nie ernsthaft zur Diskussion stand. Davon entfielen auf den eigentlichen Brückenbau 5,8 Mio. Mark. Um die Vorstellung solcher Summen durch einen annähernden Kaufkraftvergleich zu erleichtern: Ein qualifizierter Arbeiter verdiente damals gut 700 Mark im Jahr, ein Herrenanzug kostete 50 Mark.

Die Menschen, besonders die Bewohner in der näheren und weiteren Umgebung, die dieses neuen großzügig erstellten Werkes ansichtig wurden, waren begeistert. Kaiser Wilhelm II. äußerte sich überschwänglich lobend. Und das Rendsburger Tageblatt: *„Die gesamte Hochbrückenanlage bildet ein Baudenkmal deutscher Handels- und Industrieentwicklung, das auf jeden Beschauer als ein Wahrzeichen der deutschen Ingenieurkunst einen tiefen Eindruck hinterlässt [...].*

Alle Teilnehmer [einer Abschlussfeier für die am Bau Beteiligten] waren von freudigem Stolze erfüllt, daß sie an dem bedeutenden vaterländischen Werk mitgewirkt haben."

Wundervolles Panorama und „liebliches Städtebild"

Von „Monstren" und „ungeheuren Gerüsten" war in der Rendsburger Bevölkerung jetzt nicht mehr die Rede. Sie bekam gleich nach Fertigstellung der Hochbrücke die Gelegenheit, sie zu begehen, wobei „ein Scherflein zum Besten der Hinterbliebenen der beim Brückenbau verunglückten Arbeiter" erbeten wurde. Der Andrang war enorm, berichtet die Zeitung, er beweise das große Interesse, das man dem Projekt entgegenbringe. *„Den Besuchern bot sich bei dem herrlichen [...]. Herbstwetter ein wundervolles Panorama. Besonders lieblich war das Bild der im Grün eingebetteten Stadt Rendsburg und der Orte der näheren Umgebung [...]. Viele an unserer Stadt später vorüber fahrende Reisende werden sich des lieblichen Städtebildes noch lange erinnern, wie es sich von der Höhe der Brücke darbieten wird."*

Zwei Tage nach Eröffnung der neuen Anlage, als an dunklem Abend im Oktober wieder ein Zug über die Hochbrücke rollte, geriet der Lokalredakteur geradezu ins Schwärmen: *„Abend ist's. Vor uns steigen die gigantischen Eisenformen der Hochbrücke empor. Mächtiger, eindrucksvoller als am Tage wirkt der Riesenbau in der Dunkelheit. – Von fernher naht ein wohlbekanntes Rollen. Eine Reihe Lichter schlängelt sich allmählich in die Lüfte. Der Vergleich mit einem Kometenschweif oder einem der Länge*

Belastungsprobe! Eine Kette schwerer Lokomotiven schiebt sich langsam Meter für Meter über das neue Brückenwerk.

23. September 1913: Probe bestanden! Zufriedene Gesichter bei Prüfungsdelegation und Bahnpersonal. Mit dem oben erkennbaren Gitter konnte die Brücke im Kriegsfall gesperrt werden.

Die Rendsburger Zeitung kündigt das Ende der Brückenbauarbeiten an.

— **Rendsburg, 7. Juli. Die Hochbrücke.** Heute mittag wurde der große Vorbaukrahn, der eine Länge von 86 Metern hat und 150 000 Kilo wiegt, mit Fahnen und grünen Zweigen geschmückt, also wiederum ein Zeichen, daß ein wichtiger Bauabschnitt vollendet war. Er wurden nämlich die beiden letzten Ueberbauten am nördlichen Widerlager eingebaut, so daß jetzt die Brücke vom südlichen bis nördlichen Damm geschlossen ist und somit ein Ganzes bildet. Der Zufall hat es wohl gewollt, daß gerade einige Stunden vorher die gewaltige Brücke geschlossen wurde, als Kaiser Wilhelm auf der „Hohenzollern" den Kaiser-Wilhelm-Kanal bei Rendsburg passierte und demselben somit das gesamte Bild der Hochbrücke vor Augen geführt wurde. Der große Vorbaukrahn wird jetzt außer Betrieb gesetzt und wohl in nächster Zeit abgebrochen werden. Die zum Zusammenbau der einzelnen Ueberbauten benutzten Krähne sowie das große Arbeitsplateau werden verschwinden und die Strecke zum Einbau der Schwellen freigemacht. In den letzten Wochen wurde die Montage mit großer Energie betrieben, trotzdem glaubte man doch nicht an ein so frühes Schließen der Brücke. Die Monteure und Arbeiter, welche daran gearbeitet haben, können auf die vollbrachte Leistung stolz sein. Noch 3 Monate und die gewaltige Brücke steht in ihrer großen Pracht fertig da als ein **Wahrzeichen der deutschen Ingenieurkunst.**

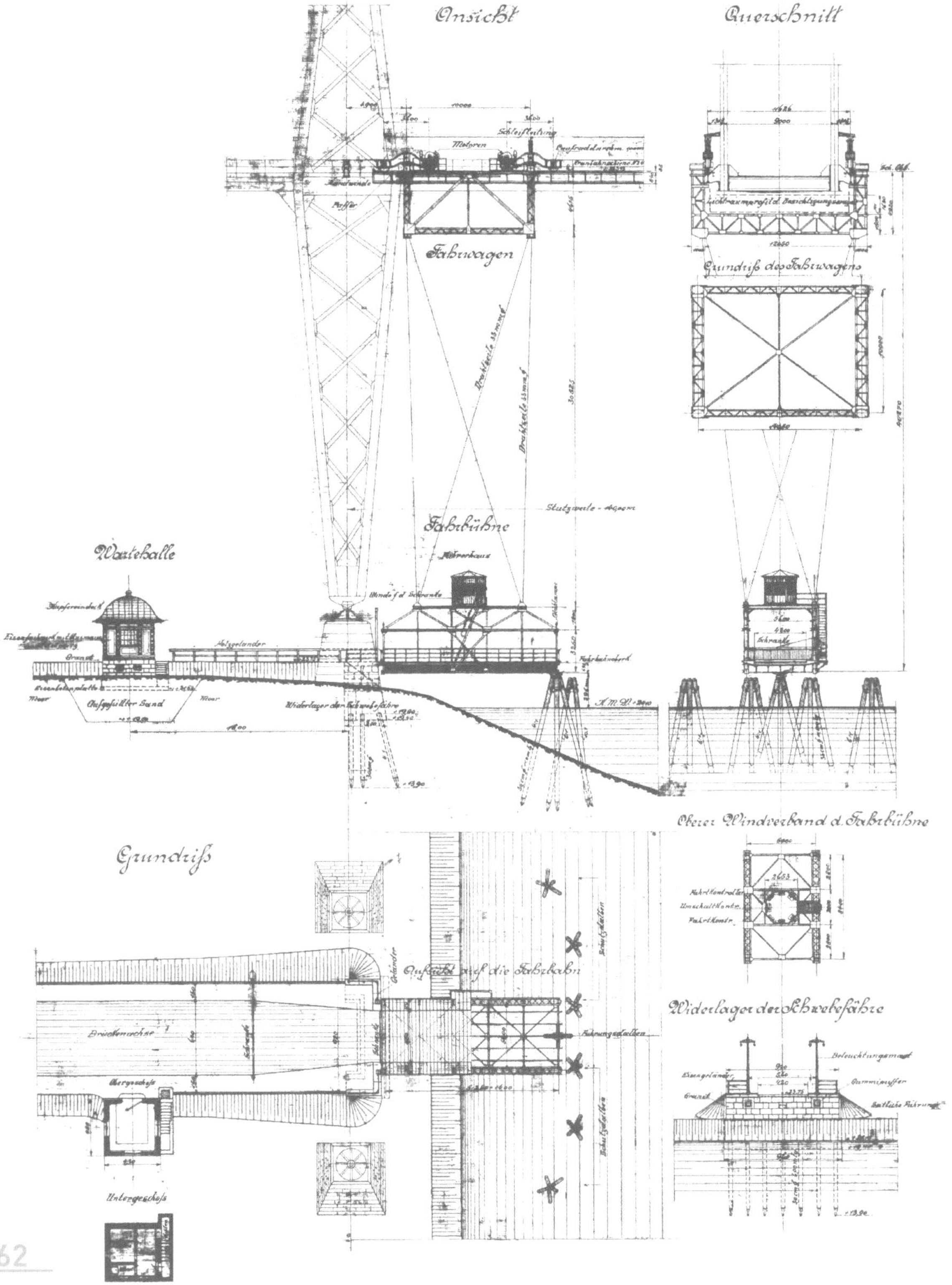

Ansicht
Querschnitt
Fahrwagen
Grundriß des Fahrwagens
Fahrbühne
Führerhaus
Wartehalle
Holzgeländer
Aufgefüllter Sand
Widerlager der Schwebefähre
Grundriß
Auffahrt auf die Fahrbahn
Brückenachse
Obergeschoß
Untergeschoß
Oberer Windverband d. Fahrbühne
Widerlager der Schwebefähre
Beleuchtungsmast
Eisengeländer
Gummipuffer
Granit

nach beleuchteten Zeppelin drängt sich uns auf. Und jetzt rollt er mit betäubendem Getöse über die Hochbrücke, der ‚Luftzug'. Großartiger Anblick, wie sich oben die hellen Lichter vom dunklen Abendhimmel abheben! Nun beginnt der Abstieg. Im weiten Bogen sinkt die Lichterreihe langsam zur Erde hinab. Noch einmal rollt der Zug, jetzt auf ebenem Boden, an uns vorüber, und ermüdet gönnt er sich auf dem Rendsburger Bahnhof eine kurze Ruhepause."

Um die Brückenbaustelle herum war mittlerweile ein kleines Dorf gewachsen aus Schmiede- und Reparaturwerkstätten, Abstellräumen und Materiallagern sowie Unterkunftsräumen für die dort beschäftigten bis zu 350 Arbeiter. Viele Stahlteile, die schon bei den Herstellerfirmen, insbesondere der Gutehoffnungshütte und bei C. H. Jucho in Dortmund und Hamm gefertigt und per Schiff oder Bahn angeliefert waren, wurden hier in Empfang genommen und zusammengesetzt, während über den Köpfen der am Boden beschäftigten Monteure und Handwerker die Niethämmer dröhnten – rund um die Uhr. Unfälle und Verletzungen waren bei den Arbeiten nicht zu vermeiden gewesen. Die Sicherheitsvorschriften waren damals noch unzureichend. Etwa 50 schwerere Unfälle sind während der Arbeiten an der Brückenanlage gezählt worden. Fünf tödlich Verletzte waren zu beklagen: Drei Männer kamen beim Bau der Rampenbrücken ums Leben, und zwei Männer stürzten von der Hochbrücke in den Tod.

▲ *Der obere Fahrwagen der Schwebefähre wird hochgezogen. An Stahlseilen hält er die Fahrbühne, die unten links noch auf Land liegt.*

◄ *Konstruktionszeichnung der Schwebefähre.*

Wind und Stürme verordneten an manchen Tagen Arbeitsruhe, zumal die für die Teamarbeit notwendige Verständigung dann nicht möglich war. *„Die Witterung"*, heißt es in einem abschließenden Baubericht der Firma Jucho, *„war im allgemeinen den Arbeiten auf der Baustelle wenig günstig; ihre Lage zwischen Nord- und Ostsee ist an sich schon die Ursache zahlreicher Regentage, die durch die außergewöhnliche Wetterlage im Jahre 1912 noch vermehrt wurden und zu häufigen Unterbrechungen Anlaß gaben. Ebenso machten die mit unverminderter Kraft über das Flachland fegenden Stürme das Arbeiten auf den Brücken oft tagelang unmöglich, da die Arbeiter in die Gefahr gerieten, von der Höhe herabgeblasen zu werden."*

Wie auch heute wurden solche Baustellen schon damals gern von Dieben heimgesucht. Vieles von dem, was nicht niet- und nagelfest war, verschwand. Besonders beliebt waren Metallteile aus Kupfer und Messing, wertvolle Maschinenteile, auch ganze Maschinen wurden abmontiert, und sogar Eisenbahnschienen ließen die Spitzbuben mitgehen. Einige Firmen gingen deshalb dazu über, für ihre Lager Nachtwächter anzustellen. Ein Opfer seines Amtes als Aufpasser wurde der bei der Hanseatischen Baugesellschaft angestellte Theophil Liberra. Anfang Januar 1914 überfielen und erschlugen ihn Einbrecher in einer Baubude in Osterrönfeld. Gegen eine von der Staatsanwaltschaft ausgesetzte Belohnung von 1.000 Mark konnten aber schon gut eine Woche später in Kiel die zwei Täter aufgegriffen werden. Sie wurden wegen Körperverletzung mit Todesfolge ihrer gerechten Strafe zugeführt.

„Im Einvernehmen mit der Fortifikation"

Die neue Hochbrücke sollte die beiden alten eingleisigen Eisenbahnbrücken über den Kanal ersetzen. Sie wurde daher, ebenso wie die Dämme und Viadukte, zweispurig angelegt. Das war nicht allein verkehrstechnisch, sondern auch militärisch von Bedeutung. Denn der Erste Weltkrieg warf damals schon seine Schatten voraus. Schlagzeilen wie *„Neuer Feuerschein auf dem Balkan"*, *„Mobilmachung* *in Serbien", „Heftige Kämpfe an der serbisch-albanischen Grenze", „Unruhen in Albanien", „Österreich vor Ausbruch des Krieges mit dem Balkanbund"* beherrschten in jenen Tagen die Titelseiten der Zeitungen.

Gleich nach Inbetriebnahme der Hochbrücke wurde daher angeordnet, im Kriegs- oder Mobilmachungsfall die westliche Gleisspur für das Militär frei zu halten. Damit im Ernstfall Truppen und militärisches Gerät auf die Brücke hinauf und von ihr herunter befördert werden konnten, bekamen die Dammenden besonders breite Zuwegungen. Mit Hilfe eines quer zur Fahrbahn herab zu lassenden Gitterwerks konnte die Brücke auch abgesperrt werden.

▲ *Das nördliche Endwiderlager ist fertig und der Dammkopf mit Rasensoden abgedeckt.*

Ein schusssicherer Unterkunftsraum soll in Kriegszeiten die für die Brücke eingeteilten Wachsoldaten aufnehmen.

Rein militärische Gründe hatte vor allem der Bau von Unterkunftsräumen für Wachsoldaten an den beiden Endwiderlagern der Brücke im Sommer 1913. Hierbei handelte es sich um zweistöckige kastenförmige Gebäude, die *„im Einvernehmen mit der Fortifikation in Friedrichsort"* in recht stabiler Bauart errichtet und mit Schießscharten versehen waren. Sohle sowie Außen- und Innenwände waren mit Eiseneinlagen bewehrt. Die Decken dieser „Eisenbetonkästen", wie sie in der Bauanleitung heißen, waren in einer Stärke gegossen, dass sie eine Verkehrslast von 500 kg/m^2 tragen konnten. Ein Problem bildete daher die Platzierung der relativ schweren Festungswerke auf den frisch aufgeworfenen Bahndämmen. Es mussten bauliche Vorkehrungen gegen ein senkrechtes Setzen sowie gegen ein mögliches Kippen nach der einen oder anderen Seite getroffen werden.

Wie lange diese „Kasematten" vor der Brücke gestanden haben, war bisher nicht zu ermitteln. Vermutlich sind sie bald nach dem Ersten Weltkrieg abgerissen worden.

Stattdessen wurden auf beiden Übergangspfeilern für Zwecke des Bahn- und Schiffsverkehrs zweigeschossige Häuschen errichtet. Das nördlich gelegene diente dem Brückenmeister und dem 2. Maschinisten der Schwebefähre als Wachstation, von der südlichen Unterkunft aus stellte ein Eisenbahner die Brückensignale. Beide Häuser sind bei Sanierungsarbeiten beseitigt worden, das südliche Mitte der 1980er Jahre, das nördliche Haus wurde Anfang der 1990er Jahre wegen Baufälligkeit abgebrochen.

Der Kriegs- und Mobilmachungsfall war 1914 bekanntlich schneller eingetreten als erwartet. Die politische Unruhe wuchs und die militärische Lage in Europa spitzte sich nach dem Mord von Sarajewo am 28. Juni 1914 zu. Unverzüglich nach Ausbruch des Krieges um die Monatswende Juli/August 1914 wurden verschärfte Bestimmungen zum Schutz der Hochbrücke erlassen. Anschlagtafeln der Königlichen Eisenbahndirektion auf Bahnhöfen forderten die Bevölkerung zu erhöhter Wachsamkeit gegenüber Saboteuren an Brücken und in Tunnels auf.

Zu den kriegsbedingten Vorsichtsmaßnahmen gehörte auch die Anordnung, dass alle Reisenden auf den Bahnhöfen vor der Hochbrücke den Zug verlassen mussten, die von Norden Anreisenden auf dem Rendsburger Bahnhof, Reisende von Süden in Osterrönfeld. Nur mit Gestellungsbefehl oder mit Militärpass ausgestattete Personen durften die Hochbrücke passieren und dies auch nur mit ausdrücklicher Genehmigung oder in Begleitung von Aufsichtsbeamten. Alle anderen Passagiere mussten zu Fuß über die Rendsburger Straßendrehbrücke zu den gegenüberliegenden Bahnhöfen marschieren oder konnten – auf eigene Kosten – bereitstehende Fuhrwerke oder Autos benutzen. Kostenlos stellte die Bahnverwaltung die Fahrzeuge lediglich Durchreisenden zur Verfügung. Da diese Regelung jedoch den reibungslosen Reiseverkehr außerordentlich erschwerte, wurde sie bereits nach wenigen Wochen wieder aufgehoben.

Die Schwebefähre – ein unvergleichliches Unikum

„Wir Rendsburger haben uns in den letzten Jahren daran gewöhnt, daß Gewaltiges vor unseren Augen entsteht, daß Altes fällt, um Neuem, Vollkommneren Platz zu machen; wir haben uns so daran gewöhnt, daß wir fast das Staunen verlernt haben. Und doch gibt es immer wieder Dinge zu schauen, die sonst kaum irgendwo im deutschen Vaterlande wiederkehren, kühne Bauten, die Rendsburg in immer steigendem Maße zum hochinteressanten Reiseziel machen werden für Fachleute wie für andere Sterbliche […]. Die zukünftige Sehenswürdigkeit Rendsburgs, von der hier die Rede sein soll, ist die Schwebefähre, die nach Fertigstellung unserer Hochbrücke den direkten Wagen- und Personenverkehr zwischen Rendsburg und Osterrönfeld nebst Hinterland vermitteln wird.“

Diese Ankündigung der Rendsburger Tageszeitung im Juni 1913 stieß ganz anders als die Bekanntgabe zum Bau der Hochbrücke, die vielen Rendsburgern als „fremdartiges Monstrum“ zunächst ein Dorn im Auge war, bei den Lesern auf ein freundliches Echo. Beglückt waren vor allem die Osterrönfelder. Sie konnten nun bald auf kürzestem Weg Rendsburg erreichen. Dafür ließen sie es sich gefallen, dass sie wegen des Brückenbaus mit einem ziemlich fern gelegenen Bahnhof vorlieb nehmen mussten.

Das „Fahrgefäß“, so der Fachmann, ist an zwölf Stahlseilen sicher aufgehängt.

Publikumsliebling seit 1913! Die Hängepartie der Schwebefähre von Ufer zu Ufer dauert anderthalb Minuten.

Doch was ist eine Schwebefähre? Die Tageszeitung hielt es in der Ausgabe vom 20. Juni 1913 für angebracht, ihren Lesern darauf eine Antwort zu geben: *„Eine Schwebefähre ist eine feste, ohne Wasserpfeiler über die Durchfahrthöhe der Seeschiffe gespannte Brücke mit einer daran hängenden Gondel, die in Uferhöhe über dem Wasser von einem Ufer*

Vier Elektromotoren von je 15,40 kW/21 PS befördern die Fähre auf Laufschienen zur anderen Seite.

zum anderen gleitet," hieß es. Und weiter: *„Für den verhältnismäßig geringen Verkehr zwischen Rendsburg und Osterrönfeld nebst Hinterland wäre selbstverständlich ein derartiges Bauwerk niemals in Frage gekommen, wenn nicht die einmal vorhandene Hochbrücke den Gedanken an eine Schwebefähre recht nahe gelegt hätte."*

Eine unter der Brücke angehängte Schwebefähre – die, wörtlich genommen, natürlich nicht schwebt, sondern an Seilen hängt – war die ideale Lösung, weil so die Kanalüberquerung mit wenig Mehraufwand an Material und Arbeit zu verwirklichen war. Für die geringe Verkehrslast, für die sie gedacht war, reichte eine solche Einrichtung völlig aus. Und eine Schwebefähre ließ sich, anders als ein Fährschiff, weitgehend unabhängig von den Witterungsverhältnissen, insbesondere vom Eisgang, betreiben. Auch bei starkem Schiffsverkehr war sie wegen ihrer Schnelligkeit recht flexibel.

So konnten bereits beim Bau der Kanalbrücke das Tragwerk und die Gleise für den Fahrwagen der Schwebefähre angebracht werden. Die Konstruktion, erstellt wiederum von der Gutehoffnungshütte in Oberhausen, ist einfach: Der Fahrwagen stützt sich auf vier Paar Räder von je einem Meter Durchmesser, wobei jeweils zwei Räder durch sogenannte Balancieren oder Schwingen wie bei einer Wippe miteinander verbunden sind. Die Last der Fahrbühne wird dadurch auf die Seile, die sie halten, gleichmäßig verteilt. Zwei Paar Räder laufen auf der rechten, die anderen zwei Paar auf der linken Laufschiene in Höhe des Untergurts der Brücke.

Am beidseitig mit Puffern versehenen oberen Fahrwagen hängt drei Meter über dem mittleren Wasserspiegel des Kanals die Fahrbühne (fachmännisch: Fährgefäß) an insgesamt zwölf Stahlseilen. Vier davon verbinden als Tragseile unmittelbar die übereinanderliegenden Ecken von Bühne und Wagen, acht verlaufen diagonal als Spannseile.

Diese Art der Aufhängung verhindert ein Aufkippen der Laufräder des Fahrwerks bei etwaigen Stößen und dient zur Versteifung gegen die Windkräfte.

Die 45 t wiegende Fahrbühne ist 14 m lang und 6 m breit. Sie kann ein Gewicht von maximal 7,5 t aufnehmen. Die Fährbreite war laut Konstruktionszeichnung ursprünglich aufgeteilt in 4,20 m Fahrbahnbreite und zwei „Kutscherstege" von je 0,50 m Breite mit dazwischenliegenden Streifen, die 0,40 m breit waren. Dementsprechend war gerade Platz für vier zweispännige Fuhrwerke, das damals gebräuchlichste Transportmittel. Heute passen vier Autos oder maximal 100 Personen auf die Fähre einschließlich der Fußsteige.

Der Antrieb der Fahrbühne erfolgt heute über eine Schleifleitung durch vier Elektromotoren zu je 15,4 kW/21 PS. Die Antriebsmaschinen wurden ursprünglich gespeist von einem elektrischen Kraftwerk, das eigens zum Betrieb der Schwebefähre sowie der 1913 in Betrieb genommenen Straßen-Eisenbahn-Drehbrücke bei der Werft Saatsee errichtet worden war. Bei Stromausfall setzt ein Notaggregat ein, vorher ließ sich die Fahrbühne auch mit Hilfe von Handwinden weiterbewegen. Wenn die Fähre bei einem Betriebsschaden oder wegen Wartungsarbeiten außer Betrieb ist, stehen für Fußgänger und Radfahrer als Transportersatz Busse zur Verfügung. Früher diente dazu ein Schlepper oder eine der Kanalfähren.

Die Hängepartie mit der „Eisernen Lady" auf dem 135 m langen Weg zum anderen Ufer dauert bei einer Fahrgeschwindigkeit von ca. 5 Kilometern pro Stunde etwa 1,5 Min. Es gilt noch der erste Fahrplan: Die Überfahrt erfolgt seit Inbetriebnahme der Fähre am 2. Dezember 1913 zu jeder Viertelstunde, soweit es der Schiffsverkehr erlaubt. Der Fährbetrieb beginnt um 5 Uhr morgens und endet im Sommer um 23 Uhr, im Winter um 22 Uhr. Ein Anspruch auf fahrplanmäßiges Übersetzen besteht nicht. Das Ersuchen

des Rendsburger Landrats sowie der Gemeindeverwaltungen von Osterrönfeld und Rade bald nach Inbetriebnahme der Schwebefähre, sie die Nacht hindurch weiter zu betreiben, lehnte die Kaiserliche Kanalverwaltung ab mit dem Hinweis auf den zu hohen Aufwand sowie auf die Straßendrehbrücke als Alternative. Auch Dringlichkeitsanträge, in denen auf die nötige ärztliche und tierärztliche Versorgung sowie auf Arzneimittelbeschaffung und Hebammeneinsatz in der Nacht verwiesen wurde, halfen nichts. Allerdings müssen Feuerwehr, Polizei und Ärzte im Notfall außerplanmäßig übergesetzt werden.

Kultur auf der Schwebefähre: Schauspieler des Landestheaters führen ein Projekt auf mit dem passenden Titel „Hin und Her".

Gedränge auf der Schwebefähre zum E.ON Hanse Cup. Sie hat Platz für 100 Personen oder vier PKW.

Die Überfahrt ist wie bei allen Kanalfähren kostenlos, da sich die Kanalverwaltung beim Bau der Wasserstraße verpflichtet hat, für den Transport über „das von ihr geschaffene öffentliche Hindernis" aufzukommen. Die gesamte Verkehrslenkung einschließlich Ampelschaltung und Bedienung der Schranken erfolgt seit 2005 durch einen Maschinisten mit Elektrikerausbildung, Radar- und Funkzeugnis, der im Führerhaus mitten über der Fahrbühne residiert. Bis dahin hatte noch ein zweiter Mann Aufsicht geführt und die Schranken bedient, die den Weg öffnen auf die 1913 an beiden Kanalufern angelegten Zufahrtstraßen.

Auf beiden Seiten des Kanals wurden bereits beim Bau der Schwebefähre hübsche Wartehallen errichtet. Hier können Fußgänger und Radfahrer bei ungünstiger Witterung Unterschlupf finden. Im nördlich gelegenen Häuschen gibt eine Dokumentationsschau Fahrgästen und interessierten Besuchern, die sich in den Sommermonaten in großer Zahl einfinden, bebilderte Informationen über Bau und wichtige Daten der Hochbrücke und der Schwebefähre. Der Dokumentation ist zu entnehmen, dass die Fähre rd. 6.000 km im Jahr zurücklegt. Über 540.000 km hatte sie zum 95-jährigen Jubiläum hinter sich gebracht und damit den Erdball mehr als ein Dutzend Mal umrundet.

Schon wenige Tage nach der Inbetriebnahme erwies sich die Schwebefähre als eine willkommene Einrichtung. Ein „sehr reger Verkehr" sei zu beobachten, meldete die Rendsburger Zeitung. Der Personen- und Wagenverkehr nutzte die verkürzte Verbindung, und zwar auch auf der Hauptstrecke Rendsburg–Kiel, weil so die bei starkem Schiffsverkehr langen Wartezeiten vor der Rendsburger Drehbrücke vermieden werden konnten. Eine große Erleichterung bedeutete die neue Fähre vor allem für die Arbeiter aus Osterrönfeld und den umliegenden Dörfern, die frühmorgens ihre Arbeitsstätten in Rendsburg und in der Carlshütte in Büdelsdorf aufsuchen mussten. Die „Hütte" zählte damals schon über tausend Beschäftigte. Auch der rechtzeitigen Milchversorgung Rendsburgs, damals von großer Bedeutung, kam die neue Verbindung, wie es hieß, sehr zustatten.

In all den Jahren ihres Betriebs gab es mit der Schwebefähre nur eine Havarie: In der Sturmnacht vom 13. auf den 14. Januar 1993 konnten die Bremsen sie am südlichen Anleger nicht mehr in der Parkposition halten. Die Fähre löste sich und trieb führerlos über den Kanal, wo sie mit dem holländischen Frachter „Linda Mareijke" kollidierte, dem einzigen Schiff, das hier gerade die Kanalstrecke befuhr. Der Unfall verlief glimpflich, da sich zu dieser nächtlichen Stunde keine Passagiere an Bord der Fähre aufhielten. Es entstand lediglich ein Schaden an der Seilaufhängung. Al-

lerdings konnte die Fähre erst am 11. Februar den Betrieb wieder aufnehmen.

Instandhalten, Renovieren und organisatorische Verbesserungen sind die Aufgaben, ohne die der fast pausenlose Einsatz der Schwebefähre nicht aufrechtzuerhalten ist. Sie musste mehrfach saniert werden, vor allem wegen wetterbedingter Korrosion. Bei dem pausenlosen Einsatz, den sie zu leisten hat, kommt es schon mal zu Pannen und Ausfällen. Wegen des relativ hohen Unterhaltungsaufwands wurde in jüngerer Zeit auch schon vorgeschlagen, den Schwebefährenverkehr ganz einzustellen, und es gab Abrisspläne. Doch die Proteste dagegen und die Hinweise auf den Nutzen dieser bequemen Verbindung über den Kanal haben solche Pläne immer wieder durchkreuzt. Für Osterrönfeld als hauptbetroffene Gemeinde ebenso wie für die Stadt Rendsburg war der Erhalt dieses einzigartigen Technikdenkmals stets ein Punkt, an dem – auch aus touristischen Gründen – nicht zu rütteln war.

Seitdem die Schwebefähre, wie die Hochbrücke, unter Denkmalschutz steht, sind die Sorgen über eine baldige Demontage nicht mehr akut. Für die Aktivitäten, die darauf abzielen, sie zu erhalten, gibt es im Gegenteil immer mehr Rückhalt. Ein Ehrenplatz unter den prominentesten Denkmälern im Lande war beiden Konstruktionen zugewiesen,

Es gilt als das härteste Ruderrennen der Welt, das große Kräftemessen der Achter beim alljährlich auf dem Nord-Ostsee-Kanal veranstalteten E.ON Hanse Cup. Hochbrücke und Schwebefähre sind die Ziellinie dieses sportlichen Großereignisses, das stets an die zehntausende von Besuchern anlockt.

Bei der bereits 12. Begegnung der Weltklasseruderer auf der 12,7 km langen Wettkampfstrecke von Breiholz bis Rendsburg, dominierte wieder das deutsche (Olympiasieger-) Boot.

als sie aus Anlass ihres 90-jährigen Bestehens Schauplatz der landesweiten Auftaktveranstaltung zum „Tag des offenen Denkmals" am 12. September 2004 waren. Die Deutsche Post AG gab einen Sonderstempel *„90 Jahre Hochbrücke mit Schwebefähre/Tag des offenen Denkmals"* heraus. Die in diesen Dingen tonangebenden Denkmalschützer erklärten Hochbrücke und Schwebefähre zum „Markenzeichen für die gesamte Region". Und Rendsburgs Bürgermeister Andreas Breitner zeigte sich bei gleichem Anlass auf dem Schwebefähren-Workshop im September 2004 *„fest entschlossen, aus unserem Kleinod Schwebefähre mehr zu machen"*. Weltweit gäbe es nur acht Schwebefähren, zwei davon in Deutschland. Sollten sie eines Tages ihren Betrieb einstellen, stünde eine ganze Verkehrstechnik vor dem Aus. Die Bürgermeister von Rendsburg und Osterrönfeld wissen: Hinter uns steht die ganze Bevölkerung.

Buchstäblich zum Massen-Anziehungspunkt und Tourismus-Magneten geworden sind Hochbrücke und Schwebefähre durch ein weit über die Landesgrenzen hinaus bekanntes Sportereignis, das E.ON Hanse Cup-Ruderrennen, das seit dem Jahr 2000 alljährlich von rund 150.000 Zuschauern besucht wird. Der Wettstreit der besten Achter führender Rudernationen um den E.ON Hanse-Cup gilt als längster und härtester Rudermarathon der Welt. Ziellinie der 12,7 km langen Rennstrecke, die auf dem Nord-Ostsee-Kanal bei Breiholz beginnt, ist die Hochbrücke. Etwas Besseres hätte ihr und ihrem „Anhang" gar nicht passieren können, um zu einem weltweit beachteten Fernseh- und Internetstar zu werden. So mag es auch nicht überraschen, dass das Zweite Deutsche Fernsehen mit der erfolgreichsten Fernsehshow Europas, mit Thomas Gottschalks *„Wetten das..?"* auf die Rendsburger Sehenswürdigkeit aufmerksam wurde und am 1. Oktober 2005 das Kanal Cup-Rennen mit festlich beleuchteter Hochbrücke und Schwebefähre als spektakulären Außenwettplatz ins Programm einbezog.

Erhalten, Instandsetzen und Erneuern

An der Hochbrücke nagt der Zahn der Zeit

Im Oktober 2013 wird die Eisenbahnhochbrücke mit der Schwebefähre, wie erwähnt, hundert Jahre alt. Und wie beim Menschen der Alterungsprozess schon mit der Geburt beginnt, so kann sich auch ein noch so großartiges Bauwerk von Anbeginn nicht dem Verfall entziehen. Nach der rechtzeitig vor Ausbruch des Ersten Weltkriegs abgeschlossenen Brückenbauphase folgte eine Zeit, in der es – wie für den Kaiser-Wilhelm-Kanal und seine Anlagen – fast ausschließlich um Erhalten, Instandsetzen und Erneuern ging und geht. Aber auch das ist eine nicht geringere Aufgabe, deren Lösung heute beim Wasser- und Schifffahrtsamt Kiel-Holtenau und seiner „Bündelungsstelle Brückenbau" in Rendsburg liegt.

Es lässt sich denken, dass die Rendsburger Hochbrücke in den beiden Weltkriegen ein gesuchtes Angriffsziel für Flugzeuge war. Doch von Bomben und Schäden durch Beschuss blieb sie glücklicherweise verschont. Nur ein

Rost frisst an der Brücke. Er muss beseitigt werden, wie im unteren Bild an einem bereits sanierten Lager geschehen. ▶

Zum Schutz von Mensch und Umwelt werden die Brückenpfeiler bei Entrostungs- und Reparaturarbeiten mit staubdichten Planen „eingehaust". Hier ist ein Teil des ▼ *südlichen Pylons zugedeckt.*

kleines Einschussloch im oberen Bereich der Stahlkonstruktion erinnert noch an die Versuche, ihr mit „Waffengewalt" beizukommen. Auch der im März 1945 drohenden Sprengung durch Hitlers Zerstörungsbefehl ist die Brücke dank des Einschreitens einiger mutiger Militärs und Politiker erfreulicherweise entgangen, wobei ihnen allerdings die Umstände, nämlich der verzögerte Truppenvormarsch der Briten auf dem Weg nach Norden kurz vor der deutschen Kapitulation, zu Hilfe kamen.

Die Tatsache, dass im Zeitraum zwischen 1914 und 1945 viele Jahre auf Kriege, auf die sogenannte Inflationszeit und auf die Weltwirtschaftskrise entfielen, hat das ordnungsgemäße Warten vieler Anlagen am Nord-Ostsee-Kanal stark erschwert. Dabei spielte auch die Tatsache eine Rolle, dass der Kanal während der Dauer der beiden Weltkriege für alle ausländischen Schiffe gesperrt blieb und daher die aus der Passage zu erzielenden Einnahmen erheblich zurückgingen. Finanzielle Engpässe führten immer wieder zum Aufschub notwendiger Wartungsarbeiten. Sie wurden später umso aufwändiger und teurer.

Verglichen mit der Wartung und den Überholungsmaßnahmen am Kanal und an seinen Einrichtungen bereitete das eigentliche Instandhalten der Hochbrücke vergleichsweise kleine Probleme. In Rendsburg beschränkte es sich lange Zeit im Wesentlichen auf leichte Reparaturen an der Brückenkonstruktion und turnusmäßige Erneuerungen der

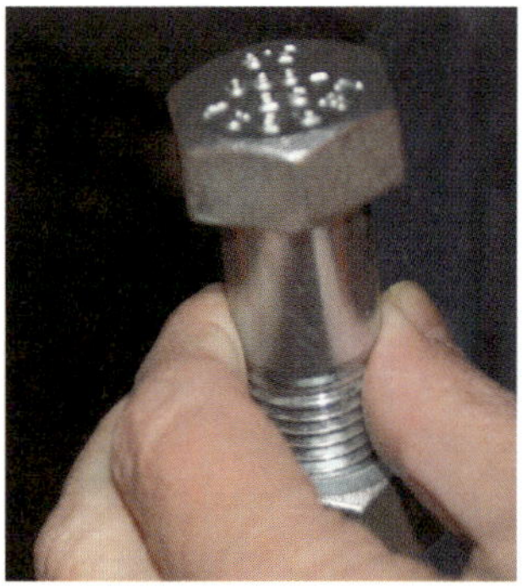

Gleise. Der geringere Aufwand für die Brückeninstandhaltung am Nord-Ostsee-Kanal in den ersten Jahrzehnten spricht nicht zuletzt für die Güte der Konstruktionen, die alle mit dem Namen Friedrich Voss verbunden sind.

Die fälligen Entrostungs- und Anstricharbeiten an den Brücken wurden allerdings – vor allem kriegsbedingt – oft zu lange aufgeschoben. Ein dabei zwar erkanntes, oft aber zu wenig beachtetes Problem war der Schutz der Arbeiterschaft vor gesundheitlichen Schäden durch bleihaltige Stoffe. Es gab in den ersten Jahrzehnten nach dem Brückenbau zwar bereits Schutzvorschriften. So wird in einem „Bleimerkblatt" des Reichsarbeitsministers von 1920 eine Reihe von Maßnahmen zur Verhütung von Bleivergiftungen aufgeführt. Insbesondere werden Schutzvorrichtungen gegen das Einatmen von bleihaltigem Staub empfohlen. Doch viele Arbeiter und Anstreicher empfanden die Ratschläge als hinderlich bei der Arbeit und haben sie nicht eingehalten. Grundsätzlich galt: Gegen Bleivergiftung fettreiche Nahrung zu sich nehmen und viel Milch trinken.

Auswirkungen von Entrostungs- und Anstricharbeiten auf die Umwelt wurden damals noch kaum bedacht. Um ein Verdriften bleihaltigen Materials sowie der Farben in akzeptablen Grenzen zu halten, soll es lediglich vertragsmäßig festgelegte Auflagen für die Baufirmen gegeben haben, bei bestimmten Windstärken und Windrichtungen das Abstrahlen der Beschichtungen einzustellen.

Heute ist bei allen Anstrich- und Reparaturarbeiten an der Brücke Vorsicht und Schutz von Mensch und Umwelt oberstes Gebot. Das übliche „Sandstrahlen" beispielsweise zum Entrosten und Entschichten des vorhandenen Anstrichs der Brückenteile erfolgt nur hinter dicken, staubdichten „Einhausungen", die (auch zeitlich) aufwändig zu erstellende Gerüste und Arbeitsplattformen verlangen.

Verschlissene oder verrostete Niete werden heute durch Passschrauben ersetzt.

Alle Brückenpfeilerfundamente werden im Zuge der Sanierung auf ihre Festigkeit überprüft.

Die immer größer gewordenen Schiffe können folgenschwere Kollisionen mit Pylonen und Schwebefähre herbeiführen. Zu ihrem Schutz wurden an beiden Kanalseiten die Ufer vorverlegt und zusätzlich mit Sicherungsbauwerken versehen.

Die darin zu verrichtenden, oft starken Lärm verursachenden Reparatur- und Entrostungsarbeiten sind nach wie vor für die Betroffenen mit erheblichen Belastungen verbunden. Was die Lärmbelästigung bei den Reparaturarbeiten nach außen betrifft, sagen die Anwohner, die sich ohnehin mit den Geräuschen vorüberfahrender Züge hoch über den Köpfen haben abfinden müssen, in der Mehrzahl: *„Auch daran gewöhnt man sich."*

Schutz gegen Havarien

„Unvorhergesehene Entwicklungen im Schiffbau führten zwischenzeitlich dazu, daß bauliche Anlagen in Nähe der Uferlinie durch mögliche Havarien gefährdet sind, weil zahlreiche Schiffe im Vorschiffsbereich Überlängen aufweisen, die bei Fahrten spitzwinklig zur Uferlinie mehrere Meter über diese hinausragen, so daß Kollisionen zwischen Schiff und Bauwerk nicht ausgeschlossen werden können." So heißt es in einem Gutachten vom 26. April 1989, in Auftrag gegeben vom Neubauamt Nord-Ostsee-Kanal in Rendsburg. Zu den Bauwerken, die

durch diese Weiterentwicklung der Schifffahrtstechnik „möglicherweise gefährdet" seien, gehörten die Rendsburger Hochbrücke und die Schwebefähre.

Als das größte Gefährdungspotential galten in jenen Jahren Containerschiffe des Typs „Humboldt-Express". Das sind Schiffe von ca. 200 m Länge, ca. 33 m Breite und einem Tiefgang von 9 m mit einer Wasserverdrängung von rd. 30.000 t. Bei der erlaubten Marschgeschwindigkeit von 15 km in der Stunde (rd. 4,20 m/sec.) wurde für den Havariefall eines aus dem Ruder laufenden Schiffes dieses Typs mit einer Anprallgeschwindigkeit von 12 km pro Stunde (3,30 m/sec.) gerechnet. Ein wirksamer Kollisionsschutz der Hochbrücke war nötig, und dazu war nach dem Urteil der Gutachter parallel zur Kanalachse ein Sicherungsbauwerk von rd. 90 m Gesamtlänge bei einem mindestens 18 m großen Sicherheitsabstand zur Brückenachse herzustellen.

▲ *Hier an der frühlingshaft geschmückten Rampenbrücke auf Osterrönfelder Seite könnte der Verhüllungskünstler Christo die Hände im Spiel gehabt haben.*

Trotz umfangreicher Instandsetzungsarbeiten an der Brücke heißt es stets „freie Fahrt" für die Bahn.

Die Kehrseite: Der Fortgang der Grundinstandsetzungsmaßnahmen (GI-Maßnahmen) wird dadurch stark behindert. ▶

Kollisionsschutzmaßnahmen waren insbesondere auch deshalb notwendig geworden, weil mit der inzwischen vorgenommenen Verbreiterung der Kanalsohle auf 90 m bei einer Wasserspiegelbreite von 162 m die Schiffe die baulichen Anlagen am Kanalufer in größerer Nähe passieren. In einer besonderen Gefahrenzone befand sich die Schwebefähre, da sie in Ruhestellung über der Kanalwasserfläche hing.

Mittlerweile sind durch Herstellung entsprechender Sicherungsbauwerke an beiden Kanalseiten die Vorsorgearbeiten zum Schutz von Hochbrücke und Schwebefähre gegen mögliche Kollisionen abgeschlossen. Dabei erfolgte beiderseits eine Vorverlegung der Ufer, so dass auch für die Schwebefähre jetzt ein hinreichender Schutz besteht, da sie sich in der Wartestellung nunmehr über Land befindet.

Fast 170 Millionen für eine starke Brücke

Die Einhausungen der gigantischen Pfeiler der Hochbrücke, die den Gedanken nahe legen, als habe der amerikanische Verhüllungskünstler Christo seine Hand im Spiel gehabt, die unüberhörbaren Schlagschrauber- und Schleifgeräusche sowie die schutzbehelmten Monteure und Arbeiter verraten es: Hier geht Außergewöhnliches vor sich. Hier geht die auf fast 170 Mio. Euro veranschlagte, 1993 begonnene Grundinstandsetzung (GI-Maßnahme) ihrer Verwirklichung entgegen. Diese Grundsanierung, die bis 2015 abgeschlossen sein soll, umfasst den Gesamtbereich der Brücke zwischen den Widerlagern, also auch Rampenbrücken und Schleifenbauwerk. Einbezogen in die GI-Maßnahme ist eine von der Bahn AG in Auftrag gegebene ca. 70 Mio. Euro umfassende Investition allein zur Verstärkung der Brücke.

Denn während bis Mitte 2012 über die noch nicht verstärkte Brücke nur Züge von 600 m Länge mit einer Gesamttonnage von ca. 2.600 t und einer Last pro Meter von ca. 4,3 t rollen durften, sind nunmehr nach umfangreichen Untersuchungen bei Beachtung einer Gesamtlast von 2.600 t auch 835 m lange Güterzüge zugelassen. Sie befahren seit November 2012 die Rendsburger Hochbrücke. Nach Ende der Verstärkungsarbeiten, bei denen rund 700 t Stahl verbaut werden, dürfen die extralangen Züge dann mit einer Gesamttonnage von 5.300 t bei einer Meterlast von ca. 6,4 t den Nord-Ostsee-Kanal überqueren, bei nur 580 m Länge auch mit einer Last bis zu 8 t/m. Im benachbarten Dänemark, dessen Zugverkehr stark auf Schleswig-Holstein ausgerichtet ist, wurde diese Regelung begrüßt. Dort gibt es die Gigazüge von 835 m Länge schon seit geraumer Zeit.

Aus der langen Liste der notwendigen, zum größten Teil schon abgeschlossenen Sanierungsarbeiten seit 1993 seien zur Veranschaulichung die wichtigsten herausgegriffen:

- Austausch der 840 Lager der Rampenbrücken (1993–1997),
- Stahlbauarbeiten zur Streckenelektrifizierung (1995–1997),
- Instandsetzung der Widerlager (1995–1997),
- Beseitigung umfangreicher Korrosionsschäden in den Gleisebenen (1995–1997),
- Stahlbau- und Korrosionsschutzarbeiten an Brückenunterseite, Übergangspfeilern und Pylonen (1996–1998),
- Erneuerung der Schwebefährenschienen (1998–1999),
- Instandsetzung der Obergurtlamellen und Windverbände der Rampenbrücken (1998–1999),
- Instandsetzung und Montage der Brückenbesichtigungswagen der Rampenbrücken (1999–2001),
- Stahlbauinstandsetzung und Teilerneuerung des Korrosionsschutzes am Fachwerk der Kanalbrücke (2001–2003),
- Stahlbauinstandsetzung, -verstärkung und Vollerneuerung des Korrosionsschutzes an den Rampenbrücken Nord und Süd in mehreren Bauabschnitten (2001–2013),
- Stahlbauinstandsetzung, -verstärkung und Vollerneuerung des Korrosionsschutzes am Schleifenbauwerk (2009–2010),
- Verstärkungsarbeiten an der Kanalbrücke – Fahrbahn und Pylone (2010–2015),
- Verstärkungsarbeiten an den Fundamenten (2011–2015).

Bei der Sanierung der Hochbrückenanlage wurden an die Planung und Ausführung zur Verstärkung des sogenannten Schleifenbauwerks wegen Überbelastung und möglicher Spannungsüberschreitungen bei Zugüberfahrten besonders hohe Anforderungen gestellt. Dies ist eine Konstruktion mit einem über 75 m stützenden Fachwerkrahmen mit auf die Hauptträger aufgesetztem offenen Fahrbahnsystem aus Quer- und Längsträgern.

Im Anschluss an die Stahlbausanierungsarbeiten an Kanalbrücke und Rampen folgt der Neuanstrich, heute in vier Schichten. Dabei werden die aufzutragenden Farben nicht mehr nur „aufgepönt", vielmehr werden die alten Farbschichten vorher durch Sandstrahlen entfernt. Um ein Umherfliegen der Bleimennigepartikel zu vermeiden, werden die Brückenteile, wie gesagt, durch ein teures Verfahren komplett „verpackt".

Es liegt auf der Hand, dass die umfassende Sanierung so vieler Teile am Gesamtbauwerk eine große logistische Herausforderung bedeutet. Sie setzt im Vorwege eine umsichtige, aber auch immer wieder zu aktualisierende Planung voraus. Dabei wird insbesondere darauf geachtet, dass der Zugverkehr möglichst ungestört bleibt, was für den Arbeitsablauf ein erhebliches Hemmnis darstellt. Der größte Teil der Arbeiten wird dennoch während des Eisenbahnbetriebs erledigt. Arbeiten im Gleisbereich, wie schwierige Stahlbau-/Gerüstbauarbeiten, sind jedoch auf die wenigen Zugpausen, insbesondere auf die weitgehend verkehrsfreien Nächte von Sonnabend auf Sonntag angewiesen. Ebenfalls soll die Schifffahrt während des Bauablaufs so wenig wie möglich beeinträchtigt werden. Schließlich ist auch auf den Schwebefährenbetrieb Rücksicht zu nehmen. Trotz dieser Erschwernisse wurden die ersten Bauphasen erfolgreich und im Großen und Ganzen zeitgerecht abgeschlossen, weitere Abschnitte folgen zügig bis zum Zieljahr 2015.

◄ Seit Beginn der Grundsanierung fährt die Bahn weitgehend ungestört eingleisig über die Kanalbrücke. Das rechte Gleis (im Bild) ist seitdem unbenutzt.

◄ Hochbrücke und Schwebefähre, die seit 1988 unter Denkmalschutz stehen, als Briefmarke zum 90-jährigen Jubiläum.

In einem Beschluss des Bundesverwaltungsgerichts von September 2008 wurde verfügt, dass die bundeseigenen Schifffahrts- und sonstigen baulichen Anlagen durch Eintragen in das Denkmalbuch dem Denkmalschutzrecht des Landes Schleswig-Holstein unterstellt werden können. Wie dargelegt, stehen Hochbrücke und Schwebefähre seit 1988 bereits unter Denkmalschutz. Auch das ist bei der Sanierung zu berücksichtigen. Doch nach dem genannten Gerichtsbeschluss dürfen Veränderungen an derartigen Anlagen – anders als sonst bei den ins Denkmalbuch eingetragenen Kulturdenkmälern – ohne vorherige Genehmigung seitens der zuständigen Denkmalschutzbehörde durch die Wasser- und Schifffahrtsverwaltung des Bundes durchgeführt werden. Sie muss also in eigener Verantwortung die Vorschriften des Denkmalschutzes einhalten. In diesem Sinne hat sich die Wasser- und Schifffahrtsverwaltung stets bemüht, mit den Beteiligten, insbesondere mit dem Landesamt für Denkmalpflege, vertrauensvoll zusammenzuarbeiten. Alle Beteiligten, heißt es in einem dazu verfassten Gutachten von 2010, seien sich *„immer des Charakters der Bauwerke als einzigartige technische Denkmäler sehr bewusst"* gewesen und *„bemühten sich bei der Erhaltung und Ertüchtigung – unter Beachtung der Tragsicherheit und Wirtschaftlichkeit – um adäquate und behutsame Lösungen."*

UNESCO-Kulturerbe in Sicht?

„Die aufwendige Sanierung kann nicht darüber hinwegtäuschen, daß auch die Tage dieser wunderschönen, [...] von Friedrich Voss erbauten Brücke gezählt sind", heißt es in einer

zum 100-jährigen Jubiläum des Nord-Ostsee-Kanals 1995 erschienenen Schrift, herausgegeben vom Canal-Verein, der es sich insbesondere zur Aufgabe gemacht hat, die Erinnerung an den alten Eiderkanal wach zu halten. Weiter heißt es: *„Da sie [die Brücke] die vielbefahrene Strecke Hamburg-Flensburg-Dänemark überführt, wird sie besonders belastet. Und in einem enger zusammenwachsenden Europa, mit immer schnelleren Fernreisezügen, ist sie auf der Nordroute, die über die neue Storebælt-Brücke bis Kopenhagen und weiter nach Schweden verlaufen wird, ein schwaches Glied. Ob sie eines Tages durch eine neue Brücke ersetzt wird, oder ob man, gerade im Hinblick auf Hochgeschwindigkeitszüge, einen Tunnel baut, ist zurzeit noch nicht geklärt. Allerdings haben die Verantwortlichen nicht mehr viel Zeit für ihre Entscheidung [...]"*. Hinzuzufügen wäre, dass eine Brückenverbindung über den Fehmarn-Belt, die mittlerweile als beschlossen gilt, maßgeblich zur Entlastung des Rendsburger Kanalübergangs führen wird. Damit erscheinen die umfangreichen Renovierungsarbeiten an der Brücke umso lohnender und nachhaltiger.

▲ *Die Eisenbahnhochbrücke – Wahrzeichen der Stadt Rendsburg aus dem Blick über das NORLA-Gelände, auf dem alljährlich die Landwirtschafts- und Verbrauchermesse stattfindet.*

◀ Wenn das September-Lichterfest „Romantika" gefeiert wird und sich Tausende von Menschen aus den Kanalgemeinden von Kiel bis Brunsbüttel mit Fackeln und Laternen am Nord-Ostsee-Kanal zu „Lichterketten" vereinen, zeigt sich die Rendsburger Hochbrücke, in Lichtkorridore gehüllt, in ihrem schönsten Kleid.

Im letzten Jahrzehnt hat sich an der Rendsburger Kanalquerung viel getan. Die Entscheidung, erneut fast 170 Mio. Euro in die Hochbrückenanlage zu investieren, von denen die Bahn AG allein ca. 70 Mio. Euro übernimmt, spricht für die Absicht, eine der kühnsten und symbolträchtigsten Stahlbaukonstruktionen ihrer Zeit zu bewahren. Und diese Fakten sprechen damit auch für die weitere Nutzung der Schwebefähre und gegen das Verschwinden des so beliebten und ungewöhnlichen Hängegefährts am Nord-Ostsee-Kanal, zumal beide als Touristenattraktion für die Region von eminenter Bedeutung und nicht mehr wegzudenken sind. Mehrfach ist der *„Eisernen Lady"* nach der turnusgemäßen Renovierung, die, wie die TÜV-Untersuchung beim Auto, alle zwei Jahre erfolgt, bestätigt worden, dass sie sich nach Überprüfung der dicken Trageseile und nach Überholung von Antriebsmotoren, Getriebe und Laufrädern „bester Gesundheit" erfreue.

100 1913 - 2013 **Rendsburger Hochbrücke**

Damit haben sich zugleich die Aussichten auf Anerkennung der Schwebefähre als Weltkulturerbe der UNESCO weiter verbessert. Zu den Bedingungen für die Verleihung des UNESCO-Titels zählen neben der Einmaligkeit des Projekts ihre möglichst originalgetreue Restaurierung im Sinne der Denkmalpflege sowie ein attraktives Umfeld und die Einbindung in kulturelle, pädagogische und touristische Konzepte. Diese Voraussetzungen sind voll erfüllt. In der internationalen Fachwelt werden der Rendsburger Schwebefähre daher für die Anerkennung gute Chancen eingeräumt. Schon 2003 erklärte der dem federführenden UN-Beratergremium Icomos (International Council on Monuments and Sites) angehörende amerikanische Wissenschaftler Professor Eric Deloney nach einem Besuch in Rendsburg, das Bauwerk über dem Kanal – Hochbrücke und Schwebefähre – sei derart „unique“ und „outstanding“, dass der UNESCO-Titel gerechtfertigt sei. Gründe also gibt es genug, der *„Eisernen Lady“* allein oder im Verbund den Rang des UNESCO-Kulturerbes zuzuerkennen.

Morgensonne über der Rendsburger Eisenbahnhochbrücke

Abends die letzte Fähre. Von 5 Uhr morgens bis 23 Uhr verkehrt sie seit der Inbetriebnahme.

Um die von politischer Seite gezielt entfachte Diskussion über einen Ersatz für die Rendsburger Brückenkonstruktion ist es mittlerweile still geworden. Ob es im Zuge der verkehrstechnischen Entwicklung einmal notwendig wird, einen weiteren, neuen Ubergang über dem oder unter dem Nord-Ostsee-Kanal zu erstellen, ist eine andere Frage. Die Rendsburger Hochbrücke mit Schwebefähre und ihre Erhaltung als viel bewunderte Wahrzeichen einer Region sind wohl endlich aus der Gefahrenzone heraus. Sie mehr noch als bisher der Öffentlichkeit in ihrer historischen Bedeutung zu präsentieren und nahezubringen, ist und bleibt eine lohnende Daueraufgabe. Das wurde mit der Auszeichnung als "Historisches Wahrzeichen der Ingenieurbaukunst" am 23. September 2013 einmal mehr eindrucksvoll dokumentiert.

Anhang

Technische Daten

Länge Kanalbrücke
Gesamtlänge mit Übergangspfeilern: 317,60 m

Höhe Kanalbrücke
Hauptpfeiler/Pylone: 66,70m,
Gründung Hauptpfeiler: bis 15 m unter NN,
Durchfahrtshöhe: 42 m

Stützweiten
77,30 m – 140 m – 77,30 m,
Schwebeträger (eingehängtes Mittelstück der Kanalbrücke): 87,60 m

Rampenbrücken/Viadukte
Länge: 1.272 m nördlich, 920 m südlich des Nord-Ostsee-Kanals

Schleifenbauwerk
Stützweite des Hauptträgers: 74,85 m

Gesamtlänge der Hochbrücke
2.486 m

Schleifendamm
Länge: ca. 4.500 m

Stahlbau
Gewicht: ca. 18.000 t

Aussichtsplattform
179 Stufen

Schwebefähre
Größe Fahrgefäß: 14 m x 6 m
Eigengewicht (inkl. Oberer Fahrwagen): 86,2 t
Nutzlast: 7,5 t
Antrieb: 4 Elektromotoren von je 15,4 kW/21 PS
Fahrgeschwindigkeit: ca. 5 km/h

Planung/Ausführung

Standort
Nord-Ostsee-Kanal (Kanal-km 62,664) zwischen Rendsburg und Osterrönfeld

Konstrukteur
Friedrich Voss (1872–1953)

Ausführende Unternehmen
Gutehoffnungshütte Oberhausen u. Hein, Lehmann & Co.,
C. H. Jucho Dortmund (Rampenbrücken),
Todt Harburg (Gründungen),
Rheinisch-Westfälische Hüttenwerke

Bauzeit
1910/11–1913 (beim Bau lt. Rendsburger Wochenblatt ca. 50 Unfälle, davon 5 tödlich)

Inbetriebnahme
Hochbrücke: 1. Oktober 1913
Schwebefähre: 2. Dezember 1913

Denkmalschutz
seit 1988 denkmalgeschützt,
Bewerbung um Anerkennung zum UNESCO-Weltkulturerbe

Archive

Ingenieurbüro Dr. Wachendorf und König (heute WK Dr. Wachendorf und König Ingenieurbüro für das Bauwesen): „Voruntersuchung für den Kollisionsschutz der Eisenbahnbrücke Rendsburg im Zuge der Sicherung des Kanalbettes durch Verbreiterung" (Hamburg 1989).

Landesarchiv Schleswig-Holstein: Abt. 309, 545, 548.

Stadtarchiv Rendsburg: Abt. C VII, 125, Magistratsakten, Bildarchiv.

Wasser- und Schifffahrtsamt Kiel-Holtenau bzw. Neubauamt Nord-Ostsee-Kanal: Diverses Schriftgut, Karten- und Bildmaterial, u. a. „Erläuterungen und Grundlagen der statischen Berechnung zum Entwurf der Kanalbrücke der Eisenbahnhochbrücke bei Rendsburg. Erläuterungen zum Entwurf der Schwebefähre" (Kiel 1911), „Erläuterungen zum Entwurf der Eisenbahnhochbrücke über den Kaiser-Wilhelm-Kanal bei Rendsburg nebst anschließenden eisernen Rampenbrücken" (Kiel 1911), „Erläuterungen und Grundlagen der statischen Berechnung zum Entwurf der Schwebefähre an der Eisenbahnhochbrücke bei Rendsburg" (Kiel 1912) und „Erläuterungen und Kostenanschlag zu dem Entwurf der militärischen Anlagen an den Endwiderlagern der Eisenbahnhochbrücke bei Rendsburg" (Kiel 1912).

Westfälisches Wirtschaftsarchiv: Bestand F 37: „Dortmunder Brückenbau C. H. Jucho".

◀ *Blick von Osten auf den nördlichen Pylon mit der Schwebefähre im Oktober 1913.*

Literatur

100 Jahre Nord-Ostsee-Kanal. Von der Grundsteinlegung bis zur Neuzeit. 1887 bis 1987. Unter Mitarbeit von Erich K. Kaminski. Rendsburg: Möller 1987.

1877–1952. Dortmunder Brückenbau C. H. Jucho 75 Jahre. Dortmund: [Selbstverlag C. H. Jucho] 1952.

800 Jahre Rendsburg in Plänen und Zeichnungen. Hrsg. von der Stadt Rendsburg. Druck- und Verlagshaus Schleswig 1999.

Becker, Martin/**Kaster**, Gert: Kulturlandschaft Nord-Ostsee-Kanal. Hrsg. von der Stadt Rendsburg und dem Schleswig-Holsteinischen Heimatbund. Neumünster: Wachholtz 2005.

Behling, Frank/**Hackländer,** Burckhard/**Lange,** Thomas: Kiel-Canal. 100 Jahre Nord-Ostsee-Kanal. Kiel: Alte Schiffe Verlag 1995.

Degn, Christian: Schleswig-Holstein, Historischer Atlas. Neumünster: Wachholtz 1995.

Freiwald, Karl-Heinz: Rendsburg und der 100-jährige Nord-Ostsee-Kanal. Geschichte einer Wasserstraße. Schleswig: Schleswiger Druck- und Verlagshaus 1995.

Geißler, Karsten/**Schmachtenberg,** Richard: Bewertung und Ertüchtigung der Eisenbahnhochbrücken über den Nord-Ostsee-Kanal in Rendsburg und Hochdonn. In: Tagungsband. 17. Dresdner Brückenbausymposium, Institut für Massivbau. Freunde des Bauingenieurwesens e.V. 13. März 2007. Hrsg. von Jürgen Stritzke (Dresden: Technische Universität Dresden 2007) S. 203–218.

Hartung, Giselher: Eisenkonstruktionen des 19. Jahrhunderts. Darmstadt Wissenschaftliche Buchgesellschaft 1983.

Helms, Heiner/**Schröder,** Hans-Joachim/**Tesár,** Alexander: Brücken über den Nord-Ostsee-Kanal, Faszination der Brückenbaukunst im Laufe der Zeit, Wasser- und Schifffahrtsamt Kiel-Holtenau, Kiel 1995.

Die **Hochbrücke bei Rendsburg.** C. H. Jucho, Dortmund u. Hamm (Westf.). Dortmund: (Druckerei Crüwell) [1913].

Die **Juchos.** Familiengeschichtliche Beiträge. Bearb. und hrsg. von Max Jucho. Dortmund: Selbstverlag C. H. Jucho 1932.

Kastner, Gert: Kulturlandschaft Nord-Ostsee-Kanal. In: DenkMal! Schleswig-Holstein. Zeitschrift für Denkmalpflege in Schleswig-Holstein, Jg. 10 (2003) S. 25–36.

Köster, Berthold: 90 Jahre Eisenbahnhochbrücke in Rendsburg, Eine historische Stahlkonstruktion als bedeutendes Element des Bahnverkehrs zwischen Skandinavien und Mitteleuropa. In: DenkMal! Schleswig-Holstein. Zeitschrift für Denkmalpflege in Schleswig-Holstein, Jg. 11, (2004) S. 91–95.

Mahrt, Knut: 100 Jahre Nord-Ostsee-Kanal 1895–1985. In: Rendsburger Jahrbuch. Hrsg. vom Kreisverein Rendsburg für Heimatkunde und Geschichte e.V. Bd. 44 (1994) S. 6–25.

Nord-Ostsee-Kanal 1895–1995. Festschrift. Hrsg. im Auftrag des Bundesministers für Verkehr von Rainer Lagoni, Helmuth Stefan Seidenfus und Hans-Jürgen Teuteberg. Neumünster: Wachholtz 1995.

Rendsburger Tageblatt: Ausgaben vom 2. Okt. 1912 bis Ende 1914.

Rendsburger Tagespost: Ausgaben 2005 bis 2007.

Rendsburger Wochenblatt: Ausgaben von Anfang 1909 bis Sept. 1912 (mehr nicht erschienen).

Ritter, Ursula: Spuren aus Stahl. Eine Industriellenfamilie im 20. Jahrhundert. 2., durchges. Aufl. Münster: Aschendorff 2009 (behandelt u. a. Heinrich Jucho und die Fa. Dortmunder Brückenbau C. H. Jucho).

Schafft, Peter: Brücken als technische Denkmäler. In: Wasser. Themenheft (Husum: Husum Druck- und Verlagsgesellschaft 2005) S. 8–10,

Schleswig-Holsteinische Landeszeitung: Ausgaben 2005 bis 2007.

Spaziergänge zwischen Eider und Kanal. Hrsg. von der Stadt Rendsburg. Text: Regina-Maria Becker. Fotografien: Jörg Wohlfromm. Neumünster: Wachholtz 2002.

Stein, Ronald: Erhaltung und Ertüchtigung der technischen Denkmäler Eisenbahnhochbrücke Rendsburg und Hochdonn. In: Historische Tragwerke in neuer Zeit. 29. Mitteldeutsches Bau-Reko-Kolloquium in traditioneller Fortsetzung des bekannten Mühlhäuser Bau-Reko-Kolloquium am 21. April 2010 in der Lutherstadt Wittenberg. Hrsg. von Oliver Hahn (Wittenberg: Verlag der Bauhaus-Universität 2010) S. 147–161.

Sympher, [Leo]: Die Vollendung des Nord-Ostsee-Canals. In: Centralblatt der Bauverwaltung. Jg. 15 (1895) Nr. 25 vom 22. Juni, S. 265–274.

Tabbert, Hans-Peter: Eiserne Giganten. Die Eisenbahn-Hochbrücke und die Straßendrehbrücke in Rendsburg. Rendsburg: Möller Söhne 1953.

Thiesen, Erich: Hochbrücke Rendsburg und Schwebefähre, Hrsg. von der Stadt Rendsburg und der Gemeinde Osterrönfeld. 2., überarb. Aufl. Neumünster: Wachholtz 2010.

TOP Rendsburg. Sonderveröffentlichung der Schleswig-Holsteinischen Landeszeitung vom 15. Sept. 2006.

Voss, Fr[iedrich] / **Gährs,** J[ohannes]: Die Eisenbahnhochbrücke über den Kaiser-Wilhelm-Kanal und die Eisenbahnverlegung bei Rendsburg, In: Zentralblatt der Bauverwaltung. Jg. 33 (1913) Nr. 78 vom 1. Okt., S. 509–512.

Westphal, Martin: Hochbrücke in Flammen – the colour of fire. Ein Abend mit Paolo Buggiani. Rendsburg: K&W Druck- und Verlagshaus Schleswig 1999.

Internet

100 Jahre Eisenbahnhochbrücke Rendsburg 1913–2013. http://www.100-jahre-eisenbahnhochbruecke-rendsburg.de (Stand 25.02.2013; Hrsg.: Erlebnismagazin Nord-Ostsee-Kanal, Verlag Peter Dreves).

100 Jahre Rendsburger Hochbrücke. http://www.rendsburger-hochbruecke.de (Stand 25.02.2013; Hrsg.: Stadt Rendsburg).

Brückenbote. Das Online-Magazin mit Themen rund um den Nord-Ostsee-Kanal. http://www.brueckenbote.de (Stand 25.02.2013; Hrsg.: M+S Media, Marina Seifert; vgl. insbes. die Beiträge von Stefan Fuhr).

Frohe Fährien im frischen Norden. Die Deutsche Fährstraße entdecken und erleben. http://www.deutsche-faehrstrasse.de (Stand 25.02.2013; Hrsg.: AG Osteland e.V.).

Wasser- und Schifffahrtsamt Kiel-Holtenau. http://www.wsa-kiel.wsv.de (Stand 25.02.2013).

Die Welt der Schwebefähren. http://www.schwebefaehren.de (Stand 25.02.2013; Hrsg.: Arbeitskreis deutsche Schwebefähren in der AG Osteland e.V.).

Bildnachweis

ACO Severin Ahlmann (Bauunternehmen)**:** S. 36
Deike, Peter: S. 12
Franke, Oliver: S. 53, 71
Habbe, Dietrich: S. 16, 82, 84, 85, 88
Judisch, Ralph: S. 83
Sotzny, Herbert: S. 2
Stadtarchiv Rendsburg: S. 7, 8, 9, 20, 21
Thiesen, Erich: S. 13, 14, 23, 24, 37, 40, 42, 58, 67, 68, 70, 72, 74, 75, 76, 77, 78, 79, 80, Umschlag hinten li.
Wasser- und Schifffahrtsamt Kiel-Holtenau: S. 10, 18, 19, 26, 28, 32, 33, 34, 38, 43, 44, 45, 46, 47, 48, 49, 50, 51, 52, 54, 55, 56, 57, 58, 59, 60, 62, 63, 65, 86, Umschlag vorn, hinten re., innen

Die Schriftenreihe „Historische Wahrzeichen der Ingenieurbaukunst in Deutschland“

Band 1: **Das Alte Schiffshebewerk Niederfinow**

Das alte Schiffshebewerk Niederfinow ist eines der bedeutendsten deutschen Ingenieurbauwerke. In dem stählernen Koloss überwinden Schiffe einen Höhenunterschied von 36 Metern. Der Autor Eckhard Schinkel beschreibt in der reich illustrierten Broschüre Bau und Geschichte dieses Jahrhundertbauwerks.

ISBN 978-3-941867-12-3, 92 Seiten, 69 Abb.

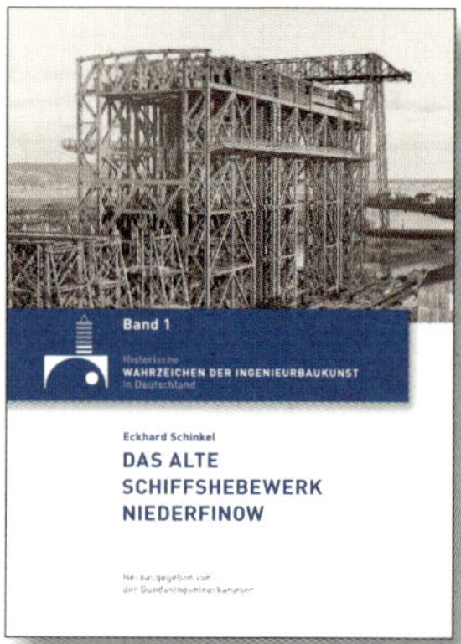

Band 2: **Die Göltzschtalbrücke**

Die 574 Meter lange und 78 Meter hohe Eisenbahnbrücke ist die größte Ziegelsteinbrücke der Welt. Ihr Bau war ein technisches Wagnis ersten Ranges. Die Autoren Peter Beyer und Jürgen Stritzke erläutern Planung, Bau und Geschichte der eindrucksvollen Brücke.

ISBN 978-3-941867-00-0, 98 Seiten, 78 Abb.

Band 3: **Der Fernsehturm Stuttgart**

Der von Fritz Leonhardt entworfene Fernsehturm Stuttgart war der erste moderne Fernsehturm der Welt. Mit seiner schlanken und eleganten Form ist er bis heute einer der schönsten weltweit. Das vierköpfige Autorenteam erzählt mit großer Fachkenntnis, wie aus einer höchst umstrittenen Idee ein Wahrzeichen der Ingenieurbaukunst entstand.

ISBN 978-3-941867-01-7, 72 Seiten, 62 Abb.

Bestellung über den Buchhandel oder bei:

Bundesingenieurkammer
Charlottenstraße 4
10969 Berlin

Telefax: +49(0)30-25 34 29-03
www.bingk.de/order-hw

Band 4: **Die Schwebefähre Osten-Hemmoor**

Die in der Kaiserzeit erbaute Schwebefähre über die Oste ist ein ingenieurtechnisches Meisterwerk und eine echte technische Rarität. Die drei Autoren stellen in Broschüre Bau, Konstruktion und die 100-jährige Geschichte dieses filigranen Riesen.

ISBN 978-3-941867-02-4, 66 Seiten, 73 Abb.

Band 5: **Die Sayner Hütte**

Die 1830 vollendete Gießhalle der Sayner Hütte wurde vollständig aus vorgefertigten Bauelementen in Eisenguss erbaut. Sie gilt weltweit als Prototyp des modernen, in Serie gefertigten Industriebaus. Paul-Georg Custodis zeichnet die Entstehung und die wechselhafte Geschichte dieses Kleinods der deutschen Industriegeschichte nach.

ISBN 978-3-941867-05-5, 74 Seiten, 75 Abb.

Band 6: **Das Himbächel-Viadukt der hessischen Odenwaldbahn**

In 43 m Höhe überspannt das aus rotem Sandstein erbaute Eisenbahn-Viadukt das malerische Himbächel-Tal im hessischen Odenwald. Es war seinerzeit das höchste eingeschossige Eisenbahn-Viadukt in deutschen Landen. Karl H. Schwinn und Susanne Klingebiel-Scherf schildern anhand neuer Fakten, wie das Viadukt entstand.

ISBN 978-3-941867-10-9, 80 Seiten, 83 Abb.

Rabatt von 15% pro Exemplar im Abonnement, für Mitglieder der Ingenieurkammern und des Fördervereins.

Band 7: **Der Leuchtturm Roter Sand**

Der wohl bekannteste Leuchtturm Deutschlands gilt als erstes Off-Shore-Bauwerk der Welt. Sein Bau war eine mit großen Schwierigkeiten verbundene technische Meisterleistung. Die drei Autoren erklären anschaulich, wie der gewagte Bau des in der Wesermündung geplanten Leuchtturms gelang.

ISBN 978-3-941867-06-2, 66 Seiten, 63 Abb.

Band 8: **Der alte Elbtunnel Hamburg**

Als der alte Elbtunnel mit seinen prächtig ausgestatteten Schachtgebäuden für die Aufzüge und den verzierten Tunnelröhren 1911 in Betrieb ging, war er eine technische Sensation. Sven Bardua berichtet Neues und Bekanntes über den Bau des großartigen Hamburger Wahrzeichens.

ISBN 978-3-941867-03-1, 120 Seiten, 92 Abb.

Band 9: **Die Fleischbrücke Nürnberg**

Die Fleischbrücke in Nürnberg überspannt die Pegnitz in einem einzigen steinernen Bogen. Sie gilt als das bedeutendste Brückenbauwerk der Spätrenaissance in Deutschland. Für die 1596 begonnene Brücke wurden dicht an dicht 2.123 Pfähle in den schwierigen Baugrund gerammt. Werner Lorenz und Christiane Kaiser schildern Bau und Geschichte dieses fränkischen Kleinods.

ISBN 978-3-941867-07-9, 110 Seiten, 109 Abb.

Bestellung über den Buchhandel oder bei:

Bundesingenieurkammer
Charlottenstraße 4
10969 Berlin

Telefax: +49(0)30-25 34 29-03
www.bingk.de/order-hw

Band 10: **Der Flughafen Berlin-Tempelhof**

Der von 1935 bis 1941 erbaute Tempelhofer Flughafen galt wegen der gelungenen Synthese von Funktionalität und Architektur als richtungweisend für den Flughafenbau. Seine über 40 Meter weit auskragende Dachkonstruktion war eine ingenieurtechnische Meisterleistung. Thomas Blau vermittelt auf Grundlage alter und neuer Quellen die Besonderheiten der „Mutter aller Flughäfen".

ISBN 978-3-941867-08-6, 108 Seiten, 90 Abb.

Band 11: **Die König-Ludwig-Brücke Kempten**

Die König-Ludwig-Brücke ist eine hölzerne Eisenbahnbrücke, die heute als Fuß- und Radwegbrücke genutzt wird. Der 5 m hohe Träger ruht auf zwei ca. 25 m hohen Natursteinpfeilern. Stefan M. Holzer informiert über Bau und Konstruktion dieser Rarität, bei der als einem der ersten Bauwerke die Tragelemente nicht empirisch, sondern auf Grundlage theoretischer Überlegungen bemessen wurden.

ISBN 978-3-941867-09-3, 90 Seiten, 74 Abb.

Band 12: **Das Pumpwerk Alte Emscher**

Das zwischen 1911 und 1914 errichtete Pumpwerk Alte Emscher war das größte seiner Art und sein Betonkuppelbau gehörte zu den bedeutendsten der Zeit. Alexander Kierdorf erzählt über das Zusammenwirken der verschiedenen Ingenieurwissenschaften bei Konzeption und Bau dieses „Tempels der Technik".

ISBN 978-3-941867-11-6

Rabatt von 15% pro Exemplar im Abonnement, für Mitglieder der Ingenieurkammern und des Fördervereins.

Band 13: **Die Rendsburger Hochbrücke mit Schwebefähre**

Das von 1911 bis 1913 errichtete Bauwerk galt als die kühnste und bedeutendste Stahlbaukonstruktion Europas. Zusammen mit der bis heute genutzten Schwebefähre ist sie ein Unikum. Erich Thiesen vermittelt Altes und Neues über das einhundert Jahre alte Bauwerk.

ISBN 978-3-941867-13-0, 96 Seiten, 82 Abb.

Band 14: **Die Großmarkthalle in Leipzig**

Die beiden in Schalenbauweise errichteten Stahlbetonkuppeln der 1929 fertiggestellten Leipziger Großmarkthalle waren seinerzeit die größten Massivkuppeln der Welt und eine Ingenieurleistung ersten Ranges. Werner Lorenz, Roland May und Jürgen Stritzke würdigen die bautechnischen Besonderheiten des Bauwerks und die Rolle des Bauingenieurs Franz Dischinger.

ISBN 978-3-941867-14-7 (Erscheint: Oktober 2013)

Band 15: **Die Sauschwänzlebahn**

Die Wutachtalbahn (eröffnet 1890) ist eine Gebirgsbahn mit allen technischen Raffinessen – vom Kehrtunnel (daher der scherzhafte Beiname „Sauschwänzlebahn") über hohe Dämme bis zu bis zu langen Viadukten.Stefan M. Holzer beschreibt diesen beeindruckenden Katalog des Brückenbaus und der Bahntechnik.

ISBN 978-3-941867-15-4 (Erscheint: Mitte 2014)

Bestellung über den Buchhandel oder bei:

Bundesingenieurkammer
Charlottenstraße 4
10969 Berlin

Telefax: +49(0)30-25 34 29-03
www.bingk.de/order-hw

Band 16: **Der Förderturm Camphausen IV**

Der 40 m hohe Hammerkopfturm über Schacht IV der Grube Camphausen gilt als weltweit erster Förderturm in Eisenbeton. 1911/12 erbaut, ist er der älteste Förderturm des Deutschen Bergbaus. Delf Slotta erklärt die beeindruckende Anlage und stellt ihre Architektur in den Kontext der übrigen im Saarland erhaltenen Fördergerüste und Fördertürme.

ISBN 978-3-941867-16-1 (Erscheint: Ende 2014)

Band 17: **Das Neue Museum Berlin**

Im des 19. Jahrhunderts errichtet, zählt das wieder aufgebaute Neue Museum heute zu den Glanzstücken der Welterbestätte Museumsinsel Berlin. Der Bau des klassizistischen Meisterwerks erforderte ein höchst innovatives bautechnisches Konzept. Werner Lorenz spürt den Feinheiten des Tragwerks nach und entdeckt das Neue Museum als Inkunabel preußischer Konstruktionskunst im Zeichen der Industrialisierung.

ISBN 978-3-941867-17-8 (Erscheint: Mitte 2015)

Bücherschuber für Bände 1-10 und 11-20.

Bestellung gegen eine Schutzgebühr. Bei Bestellung eines kompletten Satzes ist der jeweilige Schuber kostenfrei. Abonnenten erhalten die Schuber gratis.

Rabatt von 15% pro Exemplar im Abonnement, für Mitglieder der Ingenieurkammern und des Fördervereins.

Der Förderverein – Helfen Sie mit!

Der 2007 gegründete gemeinnützige Förderverein Historische Wahrzeichen der Ingenieurbaukunst in Deutschland e.V. unterstützt mit Spenden und Mitgliedsbeiträgen finanziell die gleichnamige Auszeichnungsreihe der Bundesingenieurkammer.

Mit seiner Hilfe des werden Titelverleihungen, Ehrentafeln, Internetseiten sowie die Presse- und Öffentlichkeitsarbeit für die „Historischen Wahrzeichen der Ingenieurbaukunst in Deutschland“ finanziert.

Mitglieder und Spender des Fördervereins tragen persönlich dazu bei, dass in den nächsten Jahren möglichst viele der bereits ausgewählten Bauwerke als „Historische Wahrzeichen der Ingenieurbaukunst in Deutschland“ ausgezeichnet werden.

Die faszinierende Geschichte des Bauingenieurwesens verdient es, immer wieder neu vermittelt zu werden. Unterstützen Sie uns mit Ihrem Engagement. Alle Spender erhalten selbstverständlich eine Spendenquittung.

Kontakt

Förderverein Historische Wahrzeichen
der Ingenieurbaukunst in Deutschland e.V.
c/o Bundesingenieurkammer
Charlottenstraße 4
10969 Berlin
E-Mail: info@fv-wahrzeichen.de
www.fv-wahrzeichen.de

Förderverein
Historische
WAHRZEICHEN
DER INGENIEURBAUKUNST
in Deutschland e.V.

Spendenkonto

Berliner Sparkasse (BLZ 100 500 00)
Konto-Nr. 13329715